Schnabelhut – Die berauschende Blüte des Amazonas

Wissenschaft, Kultur und Mythos der geheimnisvollen Pflanze

FSC
www.fsc.org
MIX
Papier aus ver-
antwortungsvollen
Quellen
Paper from
responsible sources
FSC® C105338

Biologe Vincent Hohne

Schnabelhut – Die berauschende Blüte des Amazonas

Wissenschaft, Kultur und Mythos der geheimnisvollen Pflanze

Bibliografische Information der Deutschen Nationalbibliothek
Die Deutsche Nationalbibliothek verzeichnet diese Publikation in der Deutschen Nationalbibliografie; detaillierte bibliografische Daten sind im Internet über http://dnb.d-nb.de abrufbar.

ISBN: 978-3-7693-1070-2

Vorwort

Der *Schnabelhut* – eine Pflanze von mystischer Anziehungskraft, verborgen in den Tiefen des Amazonas, eingebettet in die Mythen und das spirituelle Leben des indigenen Volkes der Karara. Was zunächst wie ein exotisches Rätsel für Forscher und Ethnobotaniker wirkte, entpuppte sich als Fenster zu einer Welt, die Wissenschaft, Spiritualität und kulturelle Weisheit miteinander verbindet. Dieses Buch führt Sie auf eine Reise in das Herz des Regenwaldes, wo sich die Geschichte des *Schnabelhuts* entfaltet – eine Geschichte, die von Respekt, Neugier und der tiefen Verbundenheit zwischen Mensch und Natur erzählt.

Der *Schnabelhut* lehrt uns mehr, als wir uns vorstellen können. Er ist eine Pflanze mit einzigartigen Eigenschaften, die sowohl die Sinne schärft als auch eine tiefe spirituelle Bedeutung trägt. Die Karara betrachten ihn als heiliges Geschenk der Natur, einen Hüter der Weisheit und eine Brücke zu den Stimmen der Ahnen. Wissenschaftler und Entdecker aus der ganzen Welt kamen, um die Geheimnisse des *Schnabelhuts* zu lüften, und fanden dabei viel mehr als bloße Erkenntnisse: Sie fanden einen neuen Zugang zur Natur und zum alten Wissen, das die Karara seit Generationen bewahren. In einer Welt, die zunehmend von technologischen Fortschritten und wissenschaftlichem Ehrgeiz geprägt ist, erinnert uns der *Schnabelhut* daran, wie wichtig es ist, der Natur mit Achtsamkeit und Respekt zu begegnen.

Dieses Buch ist eine Einladung, den Schnabelhut
aus unterschiedlichen Perspektiven zu entdecken
– als Pflanze, als kulturelles Erbe und als Symbol für
eine Welt, in der Wissenschaft und Spiritualität
harmonisch zusammenwirken können.
Mögen Sie beim Lesen eintauchen in die Welt
des *Schnabelhuts*, die Bedeutung der Pflanze für
die Karara und die Lektionen, die sie für die
Menschheit bereithält. Dieses Werk ist ein Tribut
an die Weisheit indigener Kulturen und ein Aufruf,
das Erbe der Natur und der Kulturen zu schützen,
die mit ihr im Einklang leben. Der *Schnabelhut* ist
mehr als eine Pflanze – er ist ein Lehrer, eine
Brücke und eine Erinnerung an das kostbare
Gleichgewicht, das wir bewahren müssen.

Einführung in die Welt des Amazonas

Der Amazonas-Regenwald ist eines der komplexesten und reichhaltigsten Ökosysteme unseres Planeten. Mit seiner enormen Fläche und unzähligen, noch unentdeckten Arten bildet er eine Welt für sich, die Forscher und Abenteurer gleichermaßen fasziniert. Doch der Amazonas ist weit mehr als ein Forschungsgebiet – er ist die Lebensgrundlage indigener Völker, die in Harmonie mit dem Wald leben und dessen Geheimnisse bewahren. In diesem Buch wollen wir eine dieser Besonderheiten erkunden: den *Schnabelhut*, eine Pflanze, deren Wirkung und Bedeutung sowohl die Wissenschaft als auch die Kultur der Einheimischen berührt.
Bevor wir jedoch in die Welt des *Schnabelhuts* eintauchen, ist es wichtig, den Amazonas-Regenwald selbst zu verstehen – ein Ort, an dem Natur, Wissenschaft und Spiritualität auf faszinierende Weise miteinander verwoben sind.

1.1 Die Vielfalt des Amazonas-Regenwaldes

Der Amazonas-Regenwald, auch als „Grüne Lunge der Erde" bekannt, erstreckt sich über mehrere Länder Südamerikas und ist von unermesslicher Bedeutung für das globale Ökosystem. Er bedeckt etwa 5,5 Millionen Quadratkilometer, die sich hauptsächlich über Brasilien, Peru und Kolumbien verteilen. Der Wald ist von einem komplexen Netzwerk aus Flüssen, Sümpfen und Seen durchzogen, die sich mit dichten Baumkronen und einer Vielzahl von Pflanzenarten verbinden.

1.1.1 Flora und Fauna des Amazonas

Die Vielfalt der Pflanzen- und Tierwelt im Amazonas ist unvergleichlich. Es wird geschätzt, dass hier etwa 16.000 Baumarten und über 400 Milliarden einzelne Bäume wachsen, darunter die beeindruckende Kapokbaum (Ceiba pentandra), die bis zu 70 Meter hoch werden kann. Der Amazonas beheimatet außerdem eine Vielzahl von Pflanzen mit außergewöhnlichen Eigenschaften – wie die Riesen-Wasserlilien (Victoria amazonica), deren Blätter einen Durchmesser von bis zu drei Metern erreichen können, und der Ayahuasca-Rebe (Banisteriopsis caapi), die als Quelle schamanischer Tränke dient.
Ebenso beeindruckend ist die Tierwelt: Der Amazonas ist die Heimat von über 1.300 Vogelarten, 400 Amphibien- und 370 Reptilienarten sowie zahllosen Insekten und Spinnen. Jede dieser Arten spielt eine spezifische Rolle im komplexen Netzwerk des Regenwaldes. So auch die Bestäuber des *Schnabelhuts*, die in späteren Kapiteln näher beschrieben werden und eine essentielle Verbindung zwischen den Pflanzen und Tieren des Waldes darstellen.

1.1.2 Die Bedeutung des Regenwaldes für die globale Ökologie

Der Amazonas-Regenwald nimmt eine zentrale Rolle im globalen Ökosystem ein. Er speichert etwa 86 Milliarden Tonnen Kohlenstoff und leistet damit einen entscheidenden Beitrag zur Stabilisierung des Weltklimas. Der Regenwald produziert rund 20 % des weltweiten Sauerstoffs und beeinflusst den globalen Wasserkreislauf maßgeblich. Durch die Verdunstung von Wasser entstehen gewaltige Wolkenformationen, die Niederschläge in umliegenden und sogar weit entfernten Regionen fördern.
Die Abholzung des Amazonas führt jedoch zu enormen Emissionen und gefährdet dieses einzigartige Ökosystem. Jährlich werden Millionen Hektar Wald gerodet, oft für die Gewinnung von Weideland oder Rohstoffen. Dieser Verlust hat nicht nur gravierende Folgen für die dortige Flora und Fauna, sondern auch für das weltweite Klima und die Wasserzyklen, die durch den Wald stabilisiert werden.

1.1.3 Bedrohungen und Schutz des Amazonas

Trotz seiner Bedeutung steht der Amazonas-Regenwald unter massivem Druck. Rodungen, illegale Abholzungen, der Ausbau von Bergwerken und die landwirtschaftliche Nutzung bedrohen das Überleben zahlreicher Pflanzen- und Tierarten. Der Verlust von Lebensraum führt zu einem rapiden Rückgang der Artenvielfalt und beeinträchtigt die traditionellen Lebensweisen

der indigenen Bevölkerung, deren Wissen über die Natur oft über Generationen weitergegeben wurde.
Initiativen zum Schutz des Amazonas umfassen sowohl staatliche Programme als auch die Arbeit von Umweltorganisationen und lokalen Gemeinschaften. Die indigene Bevölkerung spielt eine zentrale Rolle im Naturschutz: Durch ihre traditionelle Lebensweise und das tiefe Verständnis der Natur tragen sie maßgeblich zur Erhaltung des Regenwaldes bei. Viele Projekte setzen sich dafür ein, den Regenwald als schützenswertes Erbe der Menschheit zu bewahren, auch im Hinblick auf die Entdeckung und den Erhalt einzigartiger Pflanzen wie des *Schnabelhuts*, die durch die Natur des Amazonas inspiriert und geschützt werden.

1.2 Die Rolle der Pflanzen in den indigenen Kulturen des Amazonas

Für die indigenen Völker des Amazonas-Regenwaldes sind Pflanzen viel mehr als biologische Organismen – sie sind spirituelle Verbündete, Ratgeber und Heiler. Der tiefe Respekt und die spirituelle Verbindung zu den Pflanzen sind Grundpfeiler ihrer Kultur und beeinflussen nahezu jeden Aspekt des Lebens. Im *Schnabelhut* sehen sie ein besonderes Geschenk des Waldes, eine Pflanze, die ihnen ermöglicht, mit der Natur und ihren Ahnen zu kommunizieren. Diese kulturelle und spirituelle Bedeutung von Pflanzen ist das Herzstück des traditionellen Wissens der Amazonas-Völker und verdient es, verstanden und respektiert zu werden.

1.2.1 Pflanzen als spirituelle Verbündete

Pflanzen gelten in der Kultur der Amazonas-Völker als lebendige Wesen, die einen eigenen Geist besitzen und einen Zugang zu verborgenen Kräften darstellen. Schamanen, die oft als spirituelle Führer und Heiler in den Gemeinschaften agieren, sehen sich als Mittler zwischen Mensch und Natur und nutzen die Pflanzengeister, um Antworten auf Fragen des Lebens und Heilung für Krankheiten zu finden. Diese Pflanzengeister sind keine abstrakten Konzepte, sondern werden als konkrete, lebendige Kräfte betrachtet, die durch Respekt und rituelle Praxis aktiviert werden.

Ein Beispiel für eine solche Pflanze ist die Ayahuasca-Rebe, die in schamanischen Ritualen zur Bewusstseinserweiterung genutzt wird und als „Mutter der Pflanzen" gilt. Der *Schnabelhut* nimmt eine ähnliche Rolle ein, doch sein Einsatz ist weit seltener und nur speziell ausgebildeten Schamanen vorbehalten. Die Karara glauben, dass der *Schnabelhut* die Fähigkeit besitzt, das „Hören des Waldes" zu ermöglichen. Sie erzählen, dass der sanfte THC-Staub aus der Blüte das Bewusstsein öffnet, um die „Worte der Ahnen" und das „Flüstern der Natur" zu hören.

Das Ritual des „Hörens des Waldes" ist von enormer Bedeutung für die Karara und wird nur in besonderen Zeremonien durchgeführt, die mit den Jahreszyklen und spirituellen Ereignissen des Stammes im Einklang stehen. Dabei stellt der Schamane sicher, dass die Blüten des *Schnabelhuts* nicht zu oft oder missbräuchlich verwendet werden, um den „Geist der Pflanze" nicht zu verärgern. In der indigenen Kultur gilt die Pflanze als Freund und Helfer, der ein inneres Gleichgewicht schafft und den Zugang zu tieferem Wissen ermöglicht.

1.2.2 Medizinische und rituelle Verwendung von Pflanzen

Im Amazonas-Regenwald gilt das Wissen um Pflanzen als eine Art lebendiger Wissensschatz, der seit Jahrhunderten von Generation zu Generation weitergegeben wird. Heilpflanzen werden nicht nur als Mittel zur Bekämpfung körperlicher Beschwerden gesehen, sondern auch als Instrumente zur Wiederherstellung seelischer und spiritueller Harmonie. Die indigenen Heiler verwenden Pflanzenauszüge, Blätter und Wurzeln für die Zubereitung von Heilmitteln gegen eine Vielzahl von Krankheiten, die durch äußere Einflüsse und innere Unausgeglichenheiten verursacht werden.

Der *Schnabelhut* wird bei den Karara hauptsächlich in rituellen Zeremonien eingesetzt, um den Menschen zu reinigen und sie auf eine spirituelle Ebene zu heben, die für Heilung und inneren Frieden förderlich ist. Der feine THC-Staub, der durch das sanfte Klopfen freigesetzt wird, erzeugt einen angenehmen, leichten Rauschzustand, der den Geist beruhigt und Ängste löst. Der *Schnabelhut* wird jedoch nie als Droge angesehen, sondern als heiliges Werkzeug, das nur unter Anleitung eines erfahrenen Schamanen genutzt wird.

Die medizinische Wirkung des *Schnabelhuts* wird von den Karara besonders bei Menschen mit innerer Unruhe oder traumatischen Erlebnissen angewendet. Diese Art der Heilung ist für die Gemeinschaft ein Moment des Friedens und der Verbindung, und der *Schnabelhut* fungiert als Brücke, die ihnen hilft, das Trauma auf sanfte Weise loszulassen. Im Unterschied zu anderen Heilpflanzen, die direkt auf den Körper wirken, wirkt der *Schnabelhut* auf das Bewusstsein und die Wahrnehmung, und erfordert daher eine tiefe geistige Vorbereitung.

1.2.3 Der *Schnabelhut* als kulturelles Symbol

Für die Karara und andere indigene Gemeinschaften ist der *Schnabelhut* ein Symbol des Überlebens und der Weisheit. Die Pflanze steht für den Schutz, den die Natur ihrem Volk bietet, und ist Teil zahlreicher kultureller Mythen und Legenden. Der *Schnabelhut* ist in den Augen der Karara ein Geschenk der Götter, das mit Bedacht behandelt werden muss, um seinen Segen nicht zu verlieren.

Eine alte Legende erzählt, dass die Pflanze einst als spirituelles Geschenk an den ersten Schamanen des Stammes übergeben wurde, als Dank dafür, dass er den Wald vor einer Naturkatastrophe bewahrte. Der *Schnabelhut* wurde seitdem als Schutzpflanze verehrt, die das Wissen der Vorfahren bewahrt und weitergibt. Auch heute noch wird die Pflanze bei traditionellen Festen und Zeremonien geehrt, und ihre Geschichten werden nur an auserwählte Stammesmitglieder weitergegeben. Dieses Geheimwissen bewahrt die Bedeutung des *Schnabelhuts* und schützt seine Rolle im spirituellen Leben der Karara.

1.3 Legenden und Erzählungen über die geheimen Pflanzen des Amazonas

Die Pflanzenwelt des Amazonas ist von Legenden umwoben, die von Generation zu Generation weitergegeben werden. Manche dieser Geschichten erzählen von Pflanzen, die demjenigen, der sie nutzt, besondere Kräfte verleihen, während andere warnen, dass der falsche Gebrauch böse Geister entfesseln kann. Der *Schnabelhut* ist eine solche Pflanze, deren Legende tief in der Mythologie der Karara verwurzelt ist.

1.3.1 Mythische Pflanzen und ihre Bedeutung

Die Karara und andere Stämme des Amazonas glauben, dass es Pflanzen gibt, die das Tor zu anderen Welten öffnen oder geheimes Wissen verleihen. Diese Pflanzen, wie der Ayahuasca-Rebe oder der Chacruna-Blätter, wird nachgesagt, dass sie das spirituelle Bewusstsein erweitern und die Seele in verborgene Welten führen können. Sie sind Werkzeuge der Schamanen, die Zugang zu diesen Dimensionen haben und ihre Kräfte nutzen, um ihr Volk zu führen.

Der *Schnabelhut* wird in dieser Reihe mythischer Pflanzen als „Hörpflanze" verehrt. Er soll es den Karara ermöglichen, die „verborgenen Stimmen" des Dschungels wahrzunehmen und Botschaften von Naturgeistern zu empfangen. Die Pflanze gilt als besonders mächtig und wird nur selten genutzt, um ihren „Geist" nicht zu erschöpfen.

Wenn die Blüte zur rituellen Anwendung kommt, werden die Menschen in eine Art Trance versetzt und erleben, wie der Wald mit ihnen „spricht" – sie hören das Rauschen des Wassers, das Flüstern der Blätter und die Rufe der Tiere in einer vollkommenen Klarheit.

1.3.2 Die Entdeckung des *Schnabelhuts* und erste Überlieferungen

In den Überlieferungen der Karara erzählt man sich, dass der erste Schamane des Stammes von den Göttern zu der Pflanze geführt wurde, um seinen Stamm in Zeiten der Not zu retten. Die Geschichte berichtet, dass die Menschen der Karara während einer schweren Dürre unter Hunger litten und keinen Ausweg sahen. Der Schamane suchte Rat bei den Göttern und erhielt im Traum die Vision einer Pflanze mit einem „schnabelartigen" Kelch.
Als der Schamane diese Pflanze fand und die Blüte berührte, wurde ihm eine Vision zuteil, in der er die Stimme des Waldes hörte. Die Pflanze, so heißt es, habe ihm das Wissen gegeben, um den Stamm durch die schwierige Zeit zu führen. Seit dieser Entdeckung wird der *Schnabelhut* als eine heilige Pflanze verehrt, und nur die weisesten Schamanen dürfen mit ihr arbeiten. Die Legende besagt, dass diejenigen, die die Pflanze missbrauchen oder ohne Respekt behandeln, für immer im Wald verloren gehen und ihre Seelen dem Dschungel überlassen müssen.

1.3.3 Die Rolle der Legenden in der heutigen Zeit

Auch in der modernen Zeit haben die Legenden des *Schnabelhuts* und anderer mystischer Pflanzen des Amazonas für die Karara eine große Bedeutung. Die Geschichten über die Pflanze sind ein integraler Bestandteil der Identität des Stammes und verbinden die Mitglieder mit ihrer Vergangenheit und ihren Ahnen. Obwohl die moderne Welt mit ihren wissenschaftlichen Erklärungen Einzug hält, bewahren die Karara ihre Überlieferungen und schützen das Wissen um den *Schnabelhut* vor dem Einfluss der Außenwelt. Diese Geschichten dienen nicht nur der spirituellen Unterweisung, sondern auch als Mahnung, die Natur und ihre Kräfte zu achten. Für die Karara ist der *Schnabelhut* ein lebendiges Symbol für die Unantastbarkeit des Waldes und seiner Geheimnisse. In Zeiten, in denen der Amazonas durch Abholzung und Umweltverschmutzung bedroht ist, erinnern die Legenden daran, wie wichtig der Schutz dieses einzigartigen Lebensraums ist. Der *Schnabelhut* steht für den unerschütterlichen Glauben der Karara an den Wert und die Weisheit des Waldes, der weit über wissenschaftliche Erklärungen hinausgeht.

Kapitel 2: Die Entdeckung des Schnabelhuts

In diesem Kapitel beschäftigen wir uns mit der Entdeckung des *Schnabelhuts*, seiner Existenz als gut gehütetes Geheimnis und den ersten Versuchen, seine Eigenschaften zu verstehen. Diese Pflanze, deren Wirkung und Bedeutung den westlichen Wissenschaftlern fremd war, offenbarte sich ihnen erst nach langer Suche und dem behutsamen Kontakt mit den indigenen Völkern des Amazonas. Die Reise, die die Forscher antraten, war mehr als eine Expedition in eine unbekannte Welt; sie war eine spirituelle Annäherung an die geheimnisvolle Verbindung zwischen Natur und Bewusstsein.

2.1 Erste Hinweise und Mythen

Die ersten Informationen über den *Schnabelhut* gelangten über die westliche Ethnobotanik nur in Form von Gerüchten und mysteriösen Andeutungen in wissenschaftliche Kreise. Die Pflanze war seit Jahrhunderten ein wohlbehüteter Bestandteil der Kultur der Karara, die sie als heilig verehrten und ausschließlich in rituellen Zeremonien verwendeten. Für Außenstehende blieb sie ein Mythos, eine vage Erzählung aus der mystischen Pflanzenwelt des Amazonas. In diesem Abschnitt werden die ersten Entdeckungen und die mündlichen Überlieferungen behandelt, die zur Erforschung des *Schnabelhuts* führten.

2.1.1 Der erste Hinweis in westlicher Forschungsliteratur

Der erste namentliche Hinweis auf eine „geheimnisvolle Pflanze der Karara" tauchte in einem Reisebericht des Ethnobotanikers Dr. Albert Sandler auf, der in den 1970er Jahren den Amazonas erforschte. Dr. Sandler war einer der ersten Wissenschaftler, der längeren Kontakt zu den indigenen Gemeinschaften der Region pflegte und ihnen mit echtem Interesse und Respekt begegnete. Seine Berichte über die „Heilkräfte der Dschungelpflanzen" und die „Wunder des Amazonas" weckten in der wissenschaftlichen Gemeinschaft Interesse und Neugier.
Während eines Aufenthalts bei den Karara erfuhr Dr. Sandler von einer Pflanze, die angeblich besondere geistige und heilende Kräfte besaß und die von den Schamanen als „Geist des Waldes" bezeichnet wurde. Seine Schilderungen waren jedoch vage, da die Karara zurückhaltend waren und die Pflanze nur in Andeutungen beschrieben. Sandler notierte lediglich, dass die Karara eine Blume besäßen, die „bei sanftem Klopfen" ein feines Pulver freisetzte, welches dem Konsumenten erlaubt, die „Stimme des Waldes" zu hören. Diese Informationen weckten das Interesse der Ethnobotanik, die jedoch erst viele Jahre später konkrete Informationen über die Pflanze erlangen konnte.
Dr. Sandlers Bericht erwähnte keine expliziten Details über die Wirkung oder die chemische Zusammensetzung des Pulvers, doch seine

Andeutungen über das Erlebnis, die „Stimme des Waldes" zu hören, wurden in den Kreisen der Ethnobotanik heiß diskutiert. War dies eine bisher unbekannte psychoaktive Pflanze? Welche Geheimnisse verbargen sich in ihrer Blüte? Und warum hielten die Karara diese Pflanze so verborgen?

2.1.2 Erzählungen der Karara und die Bedeutung des Schnabelhuts

Mit zunehmendem Kontakt zwischen westlichen Wissenschaftlern und den indigenen Gemeinschaften des Amazonas erfuhren Forscher mehr über den *Schnabelhut*, auch wenn die Details oft geheimnisvoll und symbolhaft blieben. Die Karara beschrieben die Pflanze als heiliges Erbe, das sie von ihren Vorfahren erhielten, und sie erklärten, dass ihre Wirkung nur durch ein bestimmtes Ritual freigesetzt werde. Nur erfahrene Schamanen seien in der Lage, die Pflanze korrekt zu nutzen, um Zugang zur geistigen Welt zu erhalten.
Die Schamanen beschrieben den *Schnabelhut* als ein Werkzeug, das „den Schleier zwischen den Welten lüftet". In ihren Überlieferungen hieß es, die Pflanze erlaube den Menschen, in einen „reinen Bewusstseinszustand" einzutreten und die verborgenen Stimmen der Natur zu vernehmen. Die Pflanze galt als Symbol der Verbindung zwischen Mensch und Natur und wurde von den Karara nur sparsam und mit großem Respekt eingesetzt. Nach ihren Überlieferungen führt ein Missbrauch des *Schnabelhuts* zu einer Störung

des Geistes, da die Pflanze dann ihre Balance
und somit ihre Wirkung verliert.

Die Karara glaubten, dass der *Schnabelhut*
ursprünglich von den Geistern des Waldes
erschaffen wurde, um den Menschen den Weg
zu verborgenen Wahrheiten zu zeigen. Das Ritual,
das die Karara mit der Pflanze vollziehen, ist voller
symbolischer Bedeutung und soll dem Geist des
Waldes Tribut zollen. In ihren Erzählungen war die
Pflanze nicht nur ein Heilmittel oder ein
psychoaktives Hilfsmittel, sondern ein Lebewesen,
das als Verbündeter der Menschen betrachtet
wurde. Diese Sichtweise machte es den
Forschern schwierig, die Pflanze wissenschaftlich
zu untersuchen, da die Karara ihr Wissen nicht
leichtfertig teilten und nur sehr selten
Außenstehenden das Ritual des *Schnabelhuts*
zeigten.

2.1.3 Widerstand und Misstrauen gegenüber Fremden

Der *Schnabelhut* blieb über viele Jahrzehnte ein
wohlgehütetes Geheimnis der Karara. Das Wissen
um seine Anwendung und Wirkung wurde nur an
ausgewählte Schamanen weitergegeben, und
die Geschichten über die Pflanze waren so tief in
den spirituellen Praktiken des Stammes verwurzelt,
dass die Karara jedem Versuch, dieses Wissen
nach außen zu tragen, mit Misstrauen
begegneten. Sie befürchteten, dass die
Entdeckung und Kommerzialisierung des
Schnabelhuts die Pflanze selbst und das spirituelle
Gleichgewicht des Waldes bedrohen könnten.

Dieses Misstrauen war auch eine Reaktion auf die negativen Erfahrungen, die die Karara mit Außenstehenden gemacht hatten. Viele indigene Gemeinschaften hatten unter dem Einfluss der westlichen Kolonisation und des wirtschaftlichen Interesses an den Ressourcen des Amazonas gelitten. Die Geschichten, die die Karara über den *Schnabelhut* und seine Kräfte erzählten, schützten die Pflanze und das Wissen um ihre Wirkung vor Missbrauch.

Nur durch langjährige Beziehungen und das Vertrauen einzelner Schamanen gelang es einigen wenigen Forschern, Zugang zu den Geschichten und Überlieferungen der Karara zu erhalten. Die Schamanen, die sich bereit erklärten, mit den Forschern zu sprechen, waren überzeugt, dass das Wissen um den *Schnabelhut* eines Tages wichtig sein könnte, um die spirituellen Verbindungen zwischen Mensch und Natur zu erneuern. Doch sie waren auch vorsichtig und gaben nur so viel Preis, wie sie für notwendig hielten.

Zusammenfassung von 2.1

Die ersten Hinweise auf den *Schnabelhut* wurden in der westlichen Wissenschaft nur bruchstückhaft verstanden. Die Pflanze war durch die Mythen der Karara geschützt, die sie als spirituelles Vermächtnis betrachteten und ihre Nutzung nur an auserwählte Schamanen weitergaben. Die Existenz des *Schnabelhuts* war eng mit den Traditionen und Überzeugungen der Karara verbunden, und sie sahen es als ihre Pflicht an, diese Pflanze und das Wissen um ihre Kräfte zu bewahren. Trotz ihrer Skepsis gegenüber Außenstehenden begannen einige Schamanen jedoch, ihr Wissen weiterzugeben, als sie die Bedeutung und das Potenzial der Pflanze für die Menschheit erkannten.

Dieser Abschnitt führt uns in die faszinierende und geschützte Welt des *Schnabelhuts* ein und zeigt, dass seine Bedeutung weit über eine bloße psychoaktive Wirkung hinausgeht. Die Pflanze steht als Symbol für das uralte Wissen der Amazonas-Völker und bleibt durch die Geschichten und Rituale der Karara geschützt.

2.2 Die Expedition zur Entdeckung des Schnabelhuts

Die Erkenntnisse und Überlieferungen über den *Schnabelhut* weckten das Interesse an einer gezielten wissenschaftlichen Expedition, um die Pflanze zu finden und ihre Eigenschaften näher zu erforschen. Diese Expedition war jedoch keine gewöhnliche Reise, sondern eine Herausforderung, die sowohl wissenschaftliche Präzision als auch kulturelle Sensibilität verlangte. Mit einem Team aus westlichen Wissenschaftlern und einheimischen Führern begaben sich die Forscher in das Herz des Amazonas, um eine Pflanze zu finden, die bisher nur in den Mythen und Ritualen der Karara lebendig war.

2.2.1 Die Zusammensetzung des Expeditionsteams

Die Expedition war das Ergebnis jahrelanger Vorbereitung und Forschung. Aufgrund der komplexen Herausforderung, die der *Schnabelhut* darstellte, setzte sich das Team aus einer vielseitigen Gruppe von Experten zusammen, die jede Facette der Pflanze untersuchen und dokumentieren sollten. Die Gruppe bestand aus:
1. **Ethnobotanikern**, die bereits Erfahrung im Amazonasgebiet hatten und für das Verständnis der kulturellen und spirituellen Bedeutung der Pflanzen zuständig waren.
2. **Botanikern**, die auf die Klassifizierung und detaillierte Untersuchung der Pflanze

spezialisiert waren. Sie sollten die physiologischen Merkmale des *Schnabelhuts* dokumentieren und Proben für die spätere Analyse in Labors entnehmen.

3. **Fotografen und Dokumentarfilmern**, die die gesamte Expedition visuell festhielten, um sowohl wissenschaftliche Dokumentationen als auch einen visuellen Einblick in das Leben der indigenen Bevölkerung zu ermöglichen.

4. **Einheimischen Karara-Führern**, die als kulturelle Berater und Hüter des Wissens über den *Schnabelhut* fungierten. Ihre Rolle war von entscheidender Bedeutung, da sie nicht nur als Vermittler zwischen den Wissenschaftlern und der Kultur der Karara dienten, sondern auch die Region und die verborgenen Pfade im Dschungel besser kannten als jeder Außenstehende.

Die Zusammenarbeit dieser unterschiedlichen Fachrichtungen und Perspektiven war eine der größten Herausforderungen der Expedition. Wissenschaft und Kultur mussten im Gleichgewicht gehalten werden, und die Forscher mussten sicherstellen, dass die Erforschung des *Schnabelhuts* mit dem nötigen Respekt und Verständnis für die indigene Tradition erfolgte.

2.2.2 Der Weg durch den Dschungel und erste Schwierigkeiten

Die Reise zur Fundstelle des *Schnabelhuts* war extrem anspruchsvoll. Der Amazonas-Dschungel ist ein riesiges, oft undurchdringliches Gebiet, das von dichten Wäldern, Sümpfen, Flüssen und gefährlicher Tierwelt geprägt ist. Bereits in den ersten Tagen der Expedition wurden die Forscher mit den Herausforderungen des Klimas und der Wildnis konfrontiert: die hohe Luftfeuchtigkeit, drückende Hitze, dichte Vegetation und unvorhersehbare Wetterbedingungen.
Einige Abschnitte des Weges waren nur mit Booten passierbar, da die Flüsse die Hauptverkehrswege in dieser Region darstellen. Starke Regenfälle führten zu Überschwemmungen, die den Fortschritt verlangsamten und die Sicherheit des Teams gefährdeten. Die Einheimischen hatten jedoch detailliertes Wissen über die Umgebung und halfen dem Team, die sichersten Routen zu wählen. Sie nutzten Zeichen im Wald – Spuren, Pflanzen und Geräusche – um den Weg zu finden, und erklärten den Wissenschaftlern, wie sie den Dschungel „lesen" konnten, um sich nicht zu verirren.
Einige Teammitglieder erlitten bald kleinere Verletzungen und Erschöpfung, was zu weiteren Verzögerungen führte. Die Einheimischen machten die Wissenschaftler mit Heilpflanzen bekannt, die gegen Insektenstiche und leichte Infektionen halfen. Diese Art der praktischen Zusammenarbeit zwischen Wissenschaft und

Tradition war ein entscheidender Faktor, der das Team zusammenhielt und ihnen half, die Hindernisse der Wildnis zu überwinden.

2.2.3 Die ersten Sichtungen des Schnabelhuts

Nach mehreren Wochen beschwerlicher Reise führte das Team in ein Gebiet, das von den Karara als heilig betrachtet wurde – eine abgelegene Lichtung tief im Regenwald, umgeben von dichten Bäumen und einer Art schimmerndem Nebel, der in der Luft hing. Hier, so sagten die Karara, wuchs der *Schnabelhut*, geschützt vor den Blicken und dem Zugang der Unwissenden. Die Führer erklärten, dass nur derjenige, der sich mit Respekt und Demut nähere, die Pflanze finden könne.

Auf der Lichtung entdeckten die Forscher eine kleine Gruppe von *Schnabelhut*-Pflanzen, deren schnabelförmige Blütenkelche ihnen sofort ins Auge sprangen. Die Pflanze war umgeben von anderen tropischen Pflanzen, deren Wurzeln sich symbiotisch miteinander verflochten hatten, als ob sie den *Schnabelhut* beschützten. Die Blüten waren leuchtend violett mit goldenen Adern, die das Sonnenlicht auf faszinierende Weise reflektierten. Die Luft um die Pflanze schien gesättigt mit einem subtilen Duft, der den Eindruck von süßem Honig und frischen Blättern hinterließ.

Die Forscher beobachteten, dass die Pflanze nicht wie andere tropische Blumen vollständig erblühte, sondern ihre Blüte in einem halb geschlossenen Zustand hielt. Die Karara erklärten, dass die Blüte nur dann vollständig geöffnet sei, wenn das Ritual des *Schnabelhuts* korrekt ausgeführt werde. Dies machte es den Forschern schwer, eine Probe zu entnehmen oder den Blütenstaub direkt zu untersuchen. Sie dokumentierten daher die Pflanze gründlich mit Fotografien und Skizzen und diskutierten mögliche Methoden zur Entnahme von Blütenstaub, ohne die Pflanze zu beschädigen. Die Entdeckung des *Schnabelhuts* an dieser verborgenen Lichtung war für das Team ein bedeutender Meilenstein, doch auch eine Erinnerung daran, dass der Zugang zu den Geheimnissen dieser Pflanze von Respekt und Verständnis abhängig war. Die Forscher waren sich bewusst, dass sie sich in einer fragilen Balance zwischen wissenschaftlicher Neugier und kultureller Verantwortung bewegten.

Zusammenfassung von 2.2

Die Expedition zur Entdeckung des *Schnabelhuts* war geprägt von extremen klimatischen Bedingungen und dem engen Kontakt zur Kultur der Karara, die das Wissen um die Pflanze bewachten. Die Reise stellte nicht nur eine physische Herausforderung dar, sondern war auch eine spirituelle Annäherung an eine Pflanze, die in den Augen der Karara weit mehr als ein wissenschaftliches Objekt war. Die Lichtung im Herzen des Dschungels, wo der *Schnabelhut* schließlich gefunden wurde, symbolisierte die tiefe Verbindung zwischen Natur und Kultur, die diese Pflanze verkörpert.

Die ersten Sichtungen und Beobachtungen des
Schnabelhuts bestätigten, dass es sich bei der
Pflanze um ein außergewöhnliches und seltenes
Gewächs handelte, das unter besonderen
Bedingungen wächst und nur mit Respekt und
Umsicht gehandhabt werden darf.

Kapitel 3: Die spirituelle und kulturelle Bedeutung des Schnabelhuts

Nach der eingehenden Erforschung der physischen Eigenschaften und Wirkungen des *Schnabelhuts* wandten sich die Forscher den spirituellen und kulturellen Aspekten der Pflanze zu. Die Karara schätzten den *Schnabelhut* nicht nur wegen seiner sanften Rauschwirkung, sondern betrachteten ihn als heiliges Instrument, das tief mit ihrer Kultur, ihrem Glauben und ihrer Beziehung zur Natur verwoben war. Die Pflanze wurde als „Brücke" zwischen den Welten angesehen und spielte eine zentrale Rolle in den rituellen und sozialen Praktiken des Stammes. Dieses Kapitel untersucht die spirituelle Dimension des *Schnabelhuts*, die Rituale und Traditionen der Karara, und zeigt, wie die Pflanze als Symbol der Harmonie zwischen Mensch und Natur verstanden wird.

3.1 Der Schnabelhut als Heiligtum und Schutzsymbol

Für die Karara ist der *Schnabelhut* weit mehr als eine Pflanze; er ist ein Symbol der Gemeinschaft und ein spirituelles Erbe, das sie bewahren und schützen. Die Pflanze gilt als Geschenk der „Ahnen des Waldes" und als heilige Verkörperung des Waldes selbst. Sie wird von den Karara als Lebewesen betrachtet, das die Fähigkeit besitzt, mit Menschen zu kommunizieren und sie zu führen, solange sie mit Respekt und Hingabe behandelt wird.

3.1.1 Die Pflanze als Geschenk der Ahnen

In den Überlieferungen der Karara wird erzählt, dass der *Schnabelhut* von den „Geistern des Waldes" als Geschenk an den ersten Schamanen übergeben wurde. Die Geister erkannten den Schamanen als „Wächter der Natur" und wiesen ihn an, den *Schnabelhut* für das Wohl der Gemeinschaft und den Schutz des Waldes zu nutzen. Der Schamane lehrte seinen Stamm, die Pflanze nur sparsam und in bestimmten Ritualen zu verwenden, um das Gleichgewicht der Natur zu wahren. Diese Tradition wurde bis heute weitergeführt, und der *Schnabelhut* wird nur bei wichtigen Zeremonien oder in Zeiten großer Not verwendet.

Die Karara glauben, dass der *Schnabelhut* die Kraft hat, die „Stimmen der Ahnen" zu übermitteln und dem Volk Orientierung zu geben. Das Ritual, das bei der Verwendung der Pflanze durchgeführt wird, beinhaltet oft Gebete und Gesänge, mit denen die Schamanen die Ahnen um Rat und Schutz bitten. Der *Schnabelhut* gilt als „Hüter des Stammes", der das Volk in schwierigen Zeiten begleitet und ihm Hoffnung und Heilung bringt.

3.1.2 Der Schutz des Waldes durch den Schnabelhut

Die Karara sehen im *Schnabelhut* ein Symbol für die Verpflichtung, den Regenwald zu bewahren und zu schützen. Die Pflanze wird als Bindeglied zwischen Mensch und Natur betrachtet, das die

Menschen daran erinnert, die Natur zu ehren und ihr mit Respekt zu begegnen. Der Wald wird als eine lebendige Einheit betrachtet, die in einem Gleichgewicht stehen muss, um das Überleben aller Lebewesen zu sichern. Der *Schnabelhut* erinnert die Karara daran, dass jede Handlung Folgen für das Ökosystem hat, und mahnt sie, mit Bedacht zu handeln.

Um die Pflanze und ihren heiligen Status zu schützen, gibt es strenge Regeln für die Nutzung des *Schnabelhuts*. Die Karara stellen sicher, dass nur erfahrene Schamanen Zugang zur Pflanze haben und dass jede Nutzung von einem Ritual begleitet wird, das die „Geister des Waldes" ehrt. Diese strengen Regeln dienen nicht nur dem Schutz der Pflanze, sondern auch der Bewahrung der spirituellen Integrität des Waldes. Für die Karara ist der *Schnabelhut* ein Symbol der Harmonie, das den Einklang zwischen Mensch und Natur verkörpert.

3.2 Das Ritual des Schnabelhuts und seine Bedeutung für die Karara

Das Ritual des *Schnabelhuts*, auch als „Ritual des Hörens" bekannt, ist ein zentrales spirituelles Ereignis im Leben der Karara. Es wird nur selten und bei besonderen Anlässen durchgeführt, da die Pflanze als heilig betrachtet wird und ihre Wirkung nicht leichtfertig genutzt werden darf. Das Ritual ist für die Karara eine Möglichkeit, mit dem Wald zu kommunizieren und Antworten auf Fragen oder Lösungen für Probleme zu finden, die den Stamm betreffen.

3.2.1 Vorbereitung und Durchführung des Rituals

Die Durchführung des Rituals erfordert eine
sorgfältige Vorbereitung. Die Schamanen fasten
und meditieren mehrere Tage, um sich geistig
und körperlich zu reinigen. Der Ort, an dem das
Ritual stattfindet, wird mit Blättern und Blumen
geschmückt, und die Teilnehmer versammeln sich
im Morgengrauen oder in der Dämmerung – den
„magischen Stunden", in denen die Blüten des
Schnabelhuts am lebendigsten sind.
Die Teilnehmer nähern sich der Pflanze in Stille
und folgen den Anweisungen des Schamanen.
Nachdem alle eine friedvolle Stimmung erreicht
haben, beginnt der Schamane mit leisen
Gesängen, die das „Lied des Waldes" genannt
werden. Der Schamane klopft dann behutsam
zweimal an die Blüte des *Schnabelhuts*, und der
feine Staub entweicht. Die Teilnehmer inhalieren
den Staub und spüren sofort die Wirkung, die ihre
Sinne öffnet und das Flüstern der Natur hörbar
macht.

3.2.2 Die spirituelle Erfahrung des Rituals

Die Wirkung des Staubs versetzt die Teilnehmer in
einen Zustand erhöhter Wahrnehmung, in dem
sie die Geräusche und Bewegungen des Waldes
intensiv erleben. Die Karara glauben, dass sie
durch den *Schnabelhut* die „Stimmen der
Ahnen" hören können und dass die Natur selbst
ihnen Antworten auf ihre Fragen gibt. Die
Teilnehmer berichten oft von einem tiefen Gefühl

der Verbundenheit mit dem Wald und einem
Frieden, der sie für lange Zeit begleitet.
Diese Erfahrung wird als ein Weg der Heilung
betrachtet, der den Geist und das Herz reinigt
und den Menschen mit der Natur in Einklang
bringt. Die Karara glauben, dass das Ritual des
Schnabelhuts eine heilende Wirkung auf die
Gemeinschaft hat, da es die Verbundenheit der
Menschen untereinander und mit dem Wald
stärkt. Nach dem Ritual bleiben die Teilnehmer
oft noch einige Zeit in Meditation und Stille, um
die Erfahrung zu verarbeiten und den Geist des
Waldes zu ehren.

3.3 Der Schnabelhut als kulturelle Identität der Karara

Der *Schnabelhut* ist tief in der Identität der Karara
verwurzelt und wird als Symbol für die Tradition,
das Wissen und die Spiritualität des Stammes
angesehen. Für die Karara ist die Pflanze ein
Zeichen ihrer Verbindung zur Natur und ihrer
Ahnen, die sie lehrt, in Harmonie mit der Umwelt
zu leben und die Weisheit der Vorfahren zu
bewahren.

3.3.1 Die Weitergabe des Wissens über den Schnabelhut

Das Wissen um die Anwendung und Bedeutung
des *Schnabelhuts* wird nur an ausgewählte
Stammesmitglieder weitergegeben. Die
Schamanen entscheiden, wer das Wissen
empfangen darf und wer als „Hüter des Wissens"

über den *Schnabelhut* fungieren soll. Diese Hüter lernen, die Pflanze zu erkennen, sie zu pflegen und die Rituale zu leiten, die für die Karara von zentraler Bedeutung sind. Die Auswahl der Hüter ist ein langer Prozess, der viel Disziplin und Hingabe erfordert.

Durch die Weitergabe des Wissens wird die Pflanze Teil des kulturellen Erbes der Karara und bleibt über Generationen hinweg lebendig. Die Hüter des *Schnabelhuts* fühlen sich verpflichtet, das Wissen zu bewahren und es im Einklang mit den traditionellen Werten des Stammes zu nutzen. Für die Karara ist die Weitergabe des Wissens über den *Schnabelhut* ein symbolischer Akt der Erhaltung ihrer Identität und Kultur.

3.3.2 Der Schnabelhut als Symbol der Widerstandskraft und des Zusammenhalts

In einer Zeit, in der der Amazonas durch äußere Bedrohungen gefährdet ist, sehen die Karara im *Schnabelhut* ein Symbol für ihre Widerstandskraft und ihren Zusammenhalt. Die Pflanze steht für den Schutz des Waldes und die Verpflichtung, die natürliche Umwelt zu bewahren. Die Karara sind sich der Bedrohung durch Abholzung und den Verlust ihrer Lebensweise bewusst und sehen in der Pflege des *Schnabelhuts* ein Zeichen ihres Widerstandes gegen diese Einflüsse.

Für die Karara symbolisiert der *Schnabelhut* auch den Zusammenhalt und die Solidarität innerhalb der Gemeinschaft. Die Pflanze ist Teil ihrer spirituellen Identität, und die gemeinsamen Rituale stärken das Gefühl der Zugehörigkeit und des kollektiven Schutzes. Der *Schnabelhut* erinnert die Karara daran, dass ihr kulturelles Erbe von unschätzbarem Wert ist und dass die Verbindung zur Natur ihre größte Stärke ist.

Zusammenfassung von Kapitel 3

Kapitel 3 verdeutlicht die tiefe spirituelle und kulturelle Bedeutung des *Schnabelhuts* für die Karara. Die Pflanze ist nicht nur ein psychoaktives Gewächs, sondern ein Symbol der Harmonie zwischen Mensch und Natur, ein Heiligtum und ein Bestandteil der kulturellen Identität der Karara. Sie verkörpert die Werte des Stammes und ihre tief verwurzelte Spiritualität, die im Einklang mit der Natur existiert. Der *Schnabelhut* steht für die Weisheit und den Schutz der Ahnen, die das Volk in schwierigen Zeiten begleiten und ihm Orientierung geben.
Durch das Ritual des *Schnabelhuts* erleben die Karara eine verstärkte Wahrnehmung der Natur und eine spirituelle Verbindung zu den Stimmen des Waldes und ihrer Ahnen. Die Pflanze fungiert dabei als Medium, das das Bewusstsein öffnet und den Stamm zu einem harmonischen Leben im Regenwald anleitet. In einer Welt, in der der Amazonas zunehmend bedroht ist, dient der *Schnabelhut* als Erinnerung an die Widerstandskraft und den Zusammenhalt der Karara und an die Verpflichtung, die Natur zu bewahren und zu schützen.
Die tiefe Verehrung des *Schnabelhuts* zeigt, wie eng die kulturelle Identität der Karara mit der Natur verbunden ist. Die Pflanze ist ein heiliger Teil

ihres Lebens, ein Symbol für ihre Geschichte, ihre Traditionen und ihre Zukunft. Indem die Karara die Pflanze schützen und ihr Wissen nur an ausgewählte Hüter weitergeben, bewahren sie nicht nur die Pflanze selbst, sondern auch das kulturelle Erbe und die spirituelle Weisheit ihres Volkes.

Kapitel 4: Wissenschaftliche Erkenntnisse und ethische Überlegungen

Nach der Entdeckung und den ersten Berichten über die einzigartigen Eigenschaften des *Schnabelhuts* wuchs das Interesse an einer tiefergehenden wissenschaftlichen Analyse der Pflanze. Ethnobotaniker, Chemiker und medizinische Forscher begannen, den *Schnabelhut* genauer zu untersuchen, um seine chemische Zusammensetzung und potenzielle Anwendungsmöglichkeiten zu verstehen. Dabei standen sie jedoch vor großen Herausforderungen: Die kulturelle Bedeutung der Pflanze und die Regeln der Karara erforderten eine respektvolle und vorsichtige Herangehensweise, die nicht nur das wissenschaftliche Wissen, sondern auch das spirituelle Erbe der indigenen Gemeinschaft bewahrte.
Dieses Kapitel behandelt die wissenschaftlichen Studien zur Zusammensetzung und Wirkung des *Schnabelhuts*, die potenziellen Anwendungen der Pflanze und die ethischen Fragestellungen, die sich aus der Erforschung und dem Schutz dieser seltenen Pflanze ergeben.

4.1 Chemische Zusammensetzung und molekulare Eigenschaften

Der *Schnabelhut* wurde zunächst unter Laborbedingungen analysiert, um die chemischen Komponenten zu identifizieren und seine Wirkung besser zu verstehen. Forscher entdeckten, dass die THC-Kristalle des *Schnabelhuts* eine ungewöhnliche molekulare Struktur aufwiesen, die sich von herkömmlichem THC unterschied und wahrscheinlich für die milde und subtile Wirkung der Pflanze verantwortlich war.

4.1.1 Die besonderen THC-Kristalle des Schnabelhuts

Die Analyse zeigte, dass der THC-Staub des *Schnabelhuts* aus Mikrokristallen bestand, die eine extrem feine Struktur hatten. Diese Kristalle schienen sich leicht in der Luft zu verteilen und konnten mühelos über die Nasenschleimhäute aufgenommen werden. Im Vergleich zu Cannabis und anderen THC-haltigen Pflanzen enthielt der *Schnabelhut* eine Variante von THC, die nicht tief in die Psyche eingriff, sondern vor allem die sensorischen Wahrnehmungen schärfte.
Die Wissenschaftler stellten fest, dass die Moleküle in den Kristallen so angeordnet waren, dass sie schnell in den Körper aufgenommen wurden, ohne dass sich die Substanz im Körper anreicherte. Diese Eigenschaft machte den *Schnabelhut* besonders geeignet für eine Anwendung, die weder Abhängigkeit noch langfristige Nebenwirkungen erzeugte. Im Labor wurden weitere Studien zur chemischen Stabilität und zur einzigartigen Molekularstruktur des *Schnabelhuts* durchgeführt, die darauf hindeuteten, dass die Pflanze eine faszinierende neue Art psychoaktiver Substanzen darstellte.

4.1.2 Potenzial für sensorische und meditative Anwendungen

Die subtile Wirkung des *Schnabelhuts* eröffnete neue Möglichkeiten für den therapeutischen Einsatz. Da die Pflanze die Sinne schärfte, ohne tiefe Halluzinationen oder Trancezustände hervorzurufen, untersuchten Forscher, ob der *Schnabelhut* als unterstützendes Mittel in sensorischen und meditativen Übungen eingesetzt werden könnte. Sie stellten fest, dass die milde Wahrnehmungssteigerung durch den Staub des *Schnabelhuts* Menschen helfen könnte, sich auf ihre Umgebung zu konzentrieren, Stress abzubauen und eine erhöhte Achtsamkeit zu erreichen.
Besonders in der sensorischen Therapie, bei der Patienten durch gezielte Reize angeregt werden, versprach der *Schnabelhut* Potenzial. Die Pflanze könnte in kontrollierten Dosen eingesetzt werden, um die sensorischen Fähigkeiten zu steigern und das Wohlbefinden zu fördern. Diese möglichen Anwendungen standen jedoch noch am Anfang der Forschung, da die kulturspezifische Bedeutung der Pflanze und ihre schwierige Verfügbarkeit die Umsetzung solcher Studien erschwerten.

4.2 Medizinische und therapeutische Möglichkeiten

Während die Wissenschaftler die psychoaktive Wirkung des *Schnabelhuts* erforschten, begannen auch medizinische Forscher, die

Pflanze auf ihre möglichen therapeutischen Anwendungen hin zu untersuchen. Der milde THC-Staub wurde als potenzielles Mittel für therapeutische Zwecke untersucht, insbesondere im Bereich der Stressbewältigung und der Behandlung von Angstzuständen. Die Karara berichteten, dass die Pflanze in Ritualen oft beruhigende Effekte hervorrief und half, innere Unruhe zu lindern – eine Eigenschaft, die auch in der modernen Medizin von Interesse war.

4.2.1 Der Schnabelhut in der Stressbewältigung und Angstbehandlung

Da der *Schnabelhut* eine sanfte, entspannende Wirkung hatte und keine tiefe psychische Veränderung hervorrief, untersuchten Forscher die Pflanze als mögliches Mittel zur Bewältigung von Stress und zur Behandlung leichter Angstzustände. In ersten klinischen Studien wurde untersucht, ob der Staub des *Schnabelhuts* als ergänzende Therapie eingesetzt werden könnte, um Menschen dabei zu helfen, sich zu entspannen und eine erhöhte Achtsamkeit zu entwickeln.
Die Ergebnisse dieser Studien waren vielversprechend: Die Probanden berichteten von einer angenehmen, subtilen Entspannung und einer erhöhten Empfindsamkeit gegenüber ihrer Umwelt. Diese Wirkung, die weder Abhängigkeit noch unerwünschte Nebenwirkungen verursachte, könnte insbesondere für Menschen mit leichten bis mittleren Angstzuständen von Nutzen sein.

Allerdings standen weitere Forschungen an, um den langfristigen Nutzen und die sichere Anwendung des *Schnabelhuts* zu bestätigen.

4.2.2 Herausforderungen und ethische Überlegungen bei der therapeutischen Nutzung

Eine der größten Herausforderungen bei der therapeutischen Erforschung des *Schnabelhuts* war die kulturelle Bedeutung der Pflanze und die damit verbundenen ethischen Fragen. Da der *Schnabelhut* eine heilige Bedeutung für die Karara hat, waren viele Mitglieder des Stammes besorgt darüber, dass eine Kommerzialisierung oder therapeutische Nutzung außerhalb ihrer Gemeinschaft das spirituelle Erbe der Pflanze beschädigen könnte. Die Karara forderten daher, dass jede Nutzung der Pflanze respektvoll und unter strengen kulturellen und ethischen Auflagen erfolgen müsse.
Forscher und Karara diskutierten intensiv darüber, wie die Pflanze möglicherweise therapeutisch genutzt werden könnte, ohne die kulturelle Bedeutung und Integrität des *Schnabelhuts* zu verletzen. Einige Vorschläge betonten, dass jede therapeutische Nutzung mit einer finanziellen Unterstützung und Anerkennung der Karara als Hüter des Wissens einhergehen müsse. Diese Diskussionen verdeutlichten, dass der *Schnabelhut* ein komplexes Gleichgewicht zwischen medizinischem Nutzen und kultureller Verantwortung erforderte.

4.3 Ethische Fragen und der Schutz des Schnabelhuts

Die Erforschung des *Schnabelhuts* brachte nicht nur neue wissenschaftliche Erkenntnisse, sondern auch zahlreiche ethische Fragen auf. Die Karara und andere indigene Gemeinschaften sahen in der Pflanze ein wichtiges spirituelles Erbe, das vor Ausbeutung und Missbrauch geschützt werden musste. Für die westliche Forschung stellte sich die Herausforderung, dieses Wissen zu respektieren und gleichzeitig einen wissenschaftlichen Beitrag zu leisten.

4.3.1 Respekt vor indigener Kultur und Wissen

Eine der zentralen ethischen Fragen betraf die Anerkennung und den Respekt gegenüber dem kulturellen Wissen der Karara. Die Pflanze war ein wesentlicher Bestandteil ihres spirituellen Lebens, und die Schamanen sahen sich als Hüter des Wissens um den *Schnabelhut*. Die Wissenschaftler waren sich bewusst, dass jede Nutzung und Verbreitung des Wissens mit Vorsicht erfolgen musste, um die Traditionen der Karara nicht zu gefährden.
In Zusammenarbeit mit den Karara entwickelten die Forscher ein ethisches Protokoll, das sicherstellen sollte, dass die Rechte und das kulturelle Erbe des Stammes geachtet wurden. Dieses Protokoll sah vor, dass jede Veröffentlichung oder therapeutische Nutzung des *Schnabelhuts* unter Berücksichtigung der kulturellen Werte und unter Zustimmung der

Karara erfolgte. Diese Zusammenarbeit stellte sicher, dass die Pflanze und das Wissen der Karara nicht ausgebeutet wurden, sondern im Einklang mit den Traditionen und dem spirituellen Erbe des Stammes genutzt wurden.

4.3.2 Schutzmaßnahmen und Nachhaltigkeit

Um den *Schnabelhut* langfristig zu schützen, entwickelten die Karara gemeinsam mit den Wissenschaftlern einen Plan zur nachhaltigen Nutzung der Pflanze. Da der *Schnabelhut* nur in bestimmten Teilen des Amazonas wächst und schwierig zu kultivieren ist, erarbeiteten die Wissenschaftler Vorschläge zur nachhaltigen Pflege und möglichen Anbaumethoden. Diese Maßnahmen wurden so gestaltet, dass die natürliche Verbreitung der Pflanze erhalten blieb und ihr Bestand nicht gefährdet wurde.
Die Karara betonten, dass der *Schnabelhut* nur dann nachhaltig genutzt werden konnte, wenn das spirituelle Gleichgewicht des Waldes respektiert und geschützt wurde. Die Zusammenarbeit zwischen den indigenen Gemeinschaften und der westlichen Forschung trug dazu bei, den *Schnabelhut* zu bewahren und eine potenzielle therapeutische Nutzung im Einklang mit der Natur und der Kultur der Karara zu ermöglichen.

4.3.3 Verantwortung und Bewahrung des kulturellen Erbes

Das Kapitel endet mit der Erkenntnis, dass die Erforschung des *Schnabelhuts* eine Balance zwischen wissenschaftlichem Fortschritt und kultureller Verantwortung erfordert. Die Karara betrachten die Pflanze als heilig und fordern, dass ihr spirituelles Erbe respektiert wird. Sie lehnen eine kommerzielle Nutzung ohne Anerkennung und Unterstützung ihrer Kultur ab und plädieren dafür, dass der *Schnabelhut* nur unter Berücksichtigung ihrer Traditionen verwendet wird.
Diese Diskussionen zeigen, dass der *Schnabelhut* mehr ist als ein bloßes wissenschaftliches Objekt. Die Pflanze steht symbolisch für die Verbindung zwischen Mensch und Natur und erinnert daran, dass wahre Weisheit und Heilung oft in den alten Traditionen der indigenen Gemeinschaften zu finden sind. Die Verantwortung, diese Weisheit zu bewahren und sie gleichzeitig für die moderne Wissenschaft zugänglich zu machen, bleibt eine Herausforderung, die Sensibilität, Respekt und Zusammenarbeit erfordert.

Zusammenfassung von Kapitel 4

Kapitel 4 beleuchtet die wissenschaftliche Erforschung des *Schnabelhuts* und die ethischen Fragen, die damit einhergehen. Die chemische Analyse der Pflanze zeigte eine einzigartige THC-Variante, die potenzielle Anwendungen in der sensorischen Therapie und Stressbewältigung bieten könnte. Gleichzeitig warnten die Karara davor, das spirituelle Erbe der Pflanze zu missachten und betonten, dass jede Nutzung im Einklang mit ihren Traditionen erfolgen müsse. Die Erforschung des *Schnabelhuts* verdeutlicht, dass die westliche Wissenschaft von den alten Weisheiten indigener Völker profitieren kann, wenn sie deren kulturelles Erbe respektiert. Die nachhaltige Nutzung und der Schutz des *Schnabelhuts* stellen sicher, dass die Pflanze und ihre Bedeutung für zukünftige Generationen bewahrt werden.

Kapitel 5: Die Bedeutung des Schnabelhuts in der modernen Ethnobotanik und die Zukunft der Pflanze

Die Entdeckung und Erforschung des *Schnabelhuts* hat nicht nur das Verständnis der westlichen Wissenschaft für die Pflanzenwelt des Amazonas erweitert, sondern auch neue Perspektiven auf die Ethnobotanik und die Zusammenarbeit mit indigenen Völkern eröffnet. Der *Schnabelhut* ist ein Beispiel dafür, wie traditionelles Wissen und moderne Wissenschaft sich ergänzen und gegenseitig bereichern können. Gleichzeitig stellt die Pflanze eine Mahnung dar, dass der Schutz und die Anerkennung des kulturellen Erbes ebenso wichtig sind wie die wissenschaftlichen Entdeckungen selbst.
In diesem Kapitel betrachten wir die Rolle des *Schnabelhuts* in der modernen Ethnobotanik, mögliche zukünftige Forschungsfelder und die Herausforderungen, die sich für den Erhalt der Pflanze und die Bewahrung ihrer Bedeutung ergeben.

5.1 Der Schnabelhut als Modell für die Ethnobotanik

Die Erforschung des *Schnabelhuts* hat die Ethnobotanik auf ein neues Niveau gehoben und gezeigt, wie wichtig die Zusammenarbeit mit indigenen Gemeinschaften für ein umfassendes Verständnis der Pflanzenwelt ist. Der *Schnabelhut* ist nicht nur ein wissenschaftliches Objekt, sondern auch ein kulturelles Symbol und ein spiritueller Begleiter für die Karara. Durch die Erforschung dieser Pflanze konnten ethnobotanische Methoden weiterentwickelt und der Respekt vor traditionellem Wissen als Basis der Forschung etabliert werden.

5.1.1 Interdisziplinäre Ansätze in der Ethnobotanik

Die Untersuchung des *Schnabelhuts* hat verdeutlicht, dass eine erfolgreiche ethnobotanische Forschung oft mehr als nur botanische oder chemische Expertise erfordert. Die Forscher, die den *Schnabelhut* studierten, mussten zusätzlich kulturelle, sprachliche und historische Kenntnisse erwerben, um das Wissen der Karara richtig zu interpretieren und zu würdigen. Die interdisziplinäre Zusammenarbeit zwischen Botanikern, Anthropologen, Chemikern und Kulturwissenschaftlern hat eine neue Dimension der Ethnobotanik ermöglicht, die auf Respekt, Verständnis und Partnerschaft basiert. Forscher weltweit nehmen das Modell des *Schnabelhuts* als Vorbild für zukünftige Projekte, die andere botanische Geheimnisse in Zusammenarbeit mit indigenen Gemeinschaften erkunden wollen. Dieser Ansatz könnte eine Brücke schaffen, die nicht nur Wissen austauscht, sondern auch Vertrauen und gegenseitige Wertschätzung zwischen verschiedenen Kulturen fördert.

5.1.2 Der Schnabelhut als Symbol für den Erhalt des kulturellen Erbes

Die Ethnobotanik hat erkannt, dass der Schutz der Pflanzen eng mit dem Schutz der Kulturen verbunden ist, die das Wissen um diese Pflanzen bewahren. Der *Schnabelhut* ist für die Karara mehr als eine Pflanze; er ist Teil ihrer Identität und ihres spirituellen Erbes. Die Forschung am *Schnabelhut* hat daher nicht nur wissenschaftliche Erkenntnisse geliefert, sondern auch den Wert kultureller Traditionen verdeutlicht, die häufig übersehen oder bedroht sind.
Durch den Austausch mit den Karara konnte die Ethnobotanik ein Bewusstsein für die Notwendigkeit entwickeln, indigene Kulturen aktiv in den Forschungsprozess einzubeziehen und sicherzustellen, dass ihre kulturellen Werte und Traditionen respektiert und geschützt werden. Der *Schnabelhut* ist zu einem Symbol für diesen Wandel in der Ethnobotanik geworden und mahnt zu einem achtsamen Umgang mit dem Wissen und den Ressourcen indigener Gemeinschaften.

5.2 Potenzielle Forschungsfelder und Anwendungen

Die Forschung am *Schnabelhut* hat zahlreiche neue Fragen und potenzielle Anwendungen aufgeworfen. Die Wissenschaftler sind sich einig, dass das volle Potenzial der Pflanze noch lange nicht ausgeschöpft ist und dass weitere Studien nötig sind, um ihre Eigenschaften und Möglichkeiten vollständig zu verstehen.

5.2.1 Molekulare und pharmakologische Forschung

Da der *Schnabelhut* eine einzigartige Variante von THC enthält, die eine sanfte und sensorisch verstärkende Wirkung hat, planen Forscher, diese Molekularstruktur eingehender zu untersuchen.
Die molekularen Eigenschaften des *Schnabelhuts* könnten neue Ansätze in der pharmakologischen Forschung ermöglichen, insbesondere im Bereich sensorischer Störungen und milder Angstzustände.
Zukünftige Studien könnten darauf abzielen, die spezifische Wirkweise des *Schnabelhuts* auf das Nervensystem und die sensorische Wahrnehmung zu entschlüsseln. Diese Forschung könnte nicht nur Einblicke in die Wirkung der Pflanze liefern, sondern auch zu neuen Therapien für Menschen führen, die an sensorischen Überlastungen oder Stimmungsstörungen leiden.

5.2.2 Der Schnabelhut in der Naturheilkunde und Wellness

Aufgrund seiner beruhigenden und sensorisch aktivierenden Wirkung könnte der *Schnabelhut* in kontrollierten Mengen in der Naturheilkunde und im Wellness-Bereich eingesetzt werden. Erste Pilotstudien deuten darauf hin, dass der Staub des *Schnabelhuts* in meditativen oder therapeutischen Anwendungen helfen könnte, die Aufmerksamkeit zu fokussieren und innere Ruhe zu finden.

In Verbindung mit Achtsamkeits- und Entspannungstechniken könnte der *Schnabelhut* zur Förderung eines harmonischen Zustands beitragen. Die potenzielle Anwendung in der Naturheilkunde erfordert jedoch sorgfältige Studien und den kulturellen Rückhalt der Karara, die darauf achten, dass die Pflanze nicht kommerziell ausgebeutet wird.

5.3 Herausforderungen und der Schutz des Schnabelhuts in der Zukunft

Die Erforschung des *Schnabelhuts* hat nicht nur wissenschaftliches Interesse geweckt, sondern auch die Notwendigkeit verdeutlicht, die Pflanze vor Ausbeutung und Missbrauch zu schützen. Die Herausforderungen, die sich für den Erhalt und die nachhaltige Nutzung des *Schnabelhuts* ergeben, reichen von rechtlichen und ökologischen Fragen bis hin zu kulturellen und ethischen Überlegungen.

5.3.1 Der Erhalt der natürlichen Lebensräume

Der *Schnabelhut* wächst ausschließlich in bestimmten Gebieten des Amazonas, und sein Lebensraum ist durch Abholzung und den zunehmenden Druck auf den Regenwald gefährdet. Der Schutz dieser Lebensräume ist entscheidend, um die Pflanze und das Wissen der Karara für kommende Generationen zu bewahren. Die Karara und

Naturschutzorganisationen haben Initiativen gestartet, um die Zerstörung des Regenwaldes zu verhindern und das einzigartige Ökosystem zu erhalten, das der *Schnabelhut* zum Überleben braucht.

Die Wissenschaftler, die an der Pflanze forschen, setzen sich gemeinsam mit den Karara für den Erhalt des Amazonas ein. Sie erkennen an, dass der Verlust des Regenwaldes nicht nur eine ökologische Katastrophe wäre, sondern auch das spirituelle und kulturelle Erbe der indigenen Völker bedrohen würde.

5.3.2 Kulturelle Rechte und indigene Selbstbestimmung

Ein wichtiger Aspekt des Schutzes des *Schnabelhuts* ist die Anerkennung der kulturellen Rechte der Karara. Die Pflanze ist ein wichtiger Bestandteil ihrer Tradition, und die Karara haben das Recht, über den Umgang und die Nutzung ihres kulturellen Erbes selbst zu bestimmen. Dies beinhaltet auch die Entscheidung darüber, ob der *Schnabelhut* außerhalb ihrer Kultur genutzt werden darf und unter welchen Bedingungen dies geschehen kann.

In Zusammenarbeit mit juristischen und kulturellen Beratern haben die Karara Maßnahmen ergriffen, um sicherzustellen, dass ihr Wissen und ihr kulturelles Erbe respektiert werden. Diese Maßnahmen beinhalten Vereinbarungen mit wissenschaftlichen Einrichtungen und gesetzlichen Schutzmechanismen, die verhindern sollen, dass der *Schnabelhut* ohne die Zustimmung der Karara kommerzialisiert wird.

5.3.3 Bildung und Bewusstsein für den Wert indigener Pflanzen und Kulturen

Die Geschichte des *Schnabelhuts* zeigt, wie wertvoll und oft unterschätzt das Wissen indigener Kulturen ist. Der *Schnabelhut* könnte eine Quelle für neue wissenschaftliche Erkenntnisse und therapeutische Anwendungen sein, doch er erinnert auch daran, dass das kulturelle und spirituelle Wissen der indigenen Völker ein unschätzbares Gut ist, das geschützt und bewahrt werden muss.
Viele indigene Gemeinschaften sehen den *Schnabelhut* als ein Beispiel dafür, wie traditionelle Pflanzen eine Brücke zwischen ihren Kulturen und der modernen Welt schlagen können. Sie arbeiten mit ethnobotanischen und kulturellen Organisationen zusammen, um das Bewusstsein für die Bedeutung solcher Pflanzen zu fördern und die jüngere Generation zu ermutigen, das Wissen ihrer Vorfahren zu bewahren und weiterzugeben.

Zusammenfassung von Kapitel 5

Kapitel 5 betont die Bedeutung des *Schnabelhuts* in der modernen Ethnobotanik und zeigt, wie traditionelles Wissen und moderne Wissenschaft sich ergänzen können. Die Pflanze dient als Modell für interdisziplinäre Forschungsansätze und symbolisiert den Wert und die Verantwortung, die mit der Erforschung indigener Pflanzen verbunden sind. Die potenziellen Anwendungen des *Schnabelhuts* in der Medizin und der Wellness-Industrie werfen spannende neue Fragen auf, doch zugleich betont das Kapitel die Notwendigkeit, die kulturellen Rechte der Karara zu schützen.

Die Zukunft des *Schnabelhuts* liegt in der Zusammenarbeit zwischen Wissenschaft und indigener Gemeinschaft und im gegenseitigen Respekt. Die Pflanze erinnert uns daran, dass das Wissen und die Kultur der indigenen Völker ein lebendiges Erbe sind, das in der modernen Welt Anerkennung und Schutz verdient. Der *Schnabelhut* ist nicht nur eine botanische Besonderheit, sondern ein Symbol für die Harmonie zwischen Mensch und Natur und eine Brücke zwischen den Welten der Wissenschaft und der spirituellen Weisheit.

Kapitel 6: Die Symbolik des Schnabelhuts und seine Rolle in der Welt der modernen Spiritualität

Mit der wachsenden Bekanntheit des *Schnabelhuts* hat die Pflanze auch Einzug in die westliche Spiritualität und alternative Heilmethoden gehalten. Ihre einzigartige Wirkung auf die Sinne und die Verbindung zu alten Traditionen haben sie zu einem Symbol für das Bewusstsein und die Harmonie mit der Natur gemacht. Für viele Menschen, die in der modernen Welt nach spiritueller Tiefe und Verbindung suchen, verkörpert der *Schnabelhut* eine Quelle der inneren Einkehr und Achtsamkeit. In diesem Kapitel beleuchten wir die Symbolik des *Schnabelhuts* aus der Sicht der modernen Spiritualität und die Rolle, die die Pflanze im spirituellen Verständnis von Natur, Achtsamkeit und Verbundenheit spielen könnte.

6.1 Der Schnabelhut als Symbol für Verbundenheit mit der Natur

In einer zunehmend technisierten und urbanisierten Welt sehnen sich viele Menschen nach einer tieferen Verbindung zur Natur. Der *Schnabelhut* symbolisiert für einige eine Rückkehr zur Natur und eine Wiederentdeckung der heilenden Kräfte, die in der Pflanzenwelt verborgen liegen. Die Pflanze wird oft als Brücke zwischen dem modernen Menschen und dem unberührten, ursprünglichen Wissen der Natur gesehen.

6.1.1 Der Ruf der Natur und das Bewusstsein für das Unsichtbare

Der *Schnabelhut* erinnert die Menschen daran, dass die Natur eine Quelle des Wissens und der Heilung sein kann, die weit über das hinausgeht, was mit bloßem Auge sichtbar ist. Die Pflanze mit ihrer Fähigkeit, das Gehör und die sensorische Wahrnehmung zu schärfen, wird von vielen als Symbol dafür betrachtet, dass die Welt mehr zu bieten hat, als das Alltägliche und Sichtbare. Diese Vorstellung inspiriert Menschen, tiefer in die spirituelle Welt der Natur einzutauchen und ein Bewusstsein für das Unsichtbare zu entwickeln. Die Geschichte des *Schnabelhuts* – seine Entdeckung, seine geheimnisvolle Wirkung und die Legenden der Karara – hat auch außerhalb des Amazonas zu einer Art spirituellem Kult geführt. Menschen, die sich in der westlichen Welt auf eine spirituelle Reise begeben, sehen den *Schnabelhut* als Inspiration, um sich selbst für die Kräfte der Natur zu öffnen und Achtsamkeit im Alltag zu praktizieren.

6.1.2 Der Schnabelhut in modernen Achtsamkeits- und Meditationspraktiken

Die sanfte Wirkung des *Schnabelhuts*, die sich auf die Wahrnehmung und die Sinne beschränkt, hat ihn zu einem Symbol für Achtsamkeit und bewusstes Erleben gemacht. In westlichen Achtsamkeits- und Meditationspraktiken wird oft der Vergleich zur Wirkung des *Schnabelhuts* gezogen, um die tiefe Verbundenheit mit der

Umgebung und die Wertschätzung des gegenwärtigen Moments zu fördern.

Einige spirituelle Zentren und Meditationstrainer nutzen die Geschichte und Symbolik des *Schnabelhuts*, um Menschen zu inspirieren, mehr Zeit in der Natur zu verbringen und ihre Sinne bewusst zu schärfen. Der *Schnabelhut* steht somit nicht nur für eine subtile psychoaktive Wirkung, sondern für die Einladung, die spirituelle Welt der Natur als heilenden und achtsamen Raum zu erfahren.

6.2 Der Schnabelhut und die Rückkehr zur traditionellen Spiritualität

Die moderne Welt hat ein wachsendes Interesse an traditionellen spirituellen Praktiken und Heilmethoden, die im Einklang mit der Natur stehen. Der *Schnabelhut* wird oft als Symbol für diese Rückkehr zur traditionellen Spiritualität gesehen und hat in der westlichen Welt eine Rolle als Inspirationsquelle für alternative spirituelle Wege eingenommen.

6.2.1 Der Einfluss indigener Weisheit auf die moderne Spiritualität

Die Weisheit der Karara und ihre spirituellen Praktiken im Umgang mit dem *Schnabelhut* haben das Verständnis vieler Menschen für die Bedeutung indigener Kulturen erweitert. Diese alten Kulturen bewahren ein tiefes Wissen über die Natur und ihre Kräfte, das oft spirituelle

Antworten auf die Herausforderungen der modernen Welt bietet.

Der *Schnabelhut* symbolisiert für viele eine Verbindung zur Weisheit der indigenen Völker und erinnert daran, dass diese Kulturen eine besondere Rolle im Verständnis der Natur und ihrer Heilkräfte spielen. Der Einfluss indigener Weisheit, wie er im Umgang mit dem *Schnabelhut* zum Ausdruck kommt, zeigt den Menschen, dass sie durch Respekt und Achtsamkeit gegenüber der Natur tieferes Wissen und spirituelle Erfüllung finden können.

6.2.2 Der Schnabelhut in Ritualen und Zeremonien der modernen Welt

Viele Menschen, die sich von der Symbolik des *Schnabelhuts* inspiriert fühlen, haben begonnen, eigene Rituale und Zeremonien zu entwickeln, die an die traditionelle Verwendung der Pflanze angelehnt sind. Diese Rituale zielen oft darauf ab, die Verbundenheit zur Natur zu stärken, innere Ruhe zu finden und den Alltag bewusst zu erleben.

Obwohl der *Schnabelhut* selbst in der westlichen Welt nur schwer zugänglich ist und seine Verwendung respektvoll und nachhaltig bleiben sollte, hat die Pflanze dennoch ihre Spuren in der westlichen Spiritualität hinterlassen. Meditative Übungen, Naturzeremonien und Achtsamkeitstechniken, die an die Bedeutung des *Schnabelhuts* erinnern, werden oft als moderne spirituelle Praktiken genutzt, um innere Harmonie und Naturverbundenheit zu erfahren.

6.3 Der Schnabelhut als Botschafter des Naturschutzes und der Achtsamkeit

Die Symbolik des *Schnabelhuts* und seine Bekanntheit haben die Pflanze zu einem Botschafter des Naturschutzes gemacht. Die Geschichte und die Bedeutung des *Schnabelhuts* haben viele Menschen auf die Bedrohung des Amazonas und den dringenden Bedarf an Naturschutz aufmerksam gemacht. In der modernen Spiritualität wird der *Schnabelhut* daher häufig als Symbol für Achtsamkeit gegenüber der Natur und für die Verantwortung, die Umwelt zu schützen, interpretiert.

6.3.1 Der Schnabelhut als Inspiration für nachhaltiges Leben

Die Symbolik des *Schnabelhuts* hat viele Menschen dazu inspiriert, nachhaltiger zu leben und bewusster mit den Ressourcen der Erde umzugehen. Die Pflanze erinnert daran, dass der Mensch Teil eines großen natürlichen Gleichgewichts ist und dass jede Handlung die Umwelt beeinflussen kann. Die Achtsamkeit und Sensibilität, die der *Schnabelhut* fördert, motiviert Menschen dazu, sich ihrer eigenen ökologischen Fußspuren bewusst zu werden und achtsam mit der Natur umzugehen.

6.3.2 Die Rolle des Schnabelhuts im globalen Naturschutzbewusstsein

Die Bekanntheit des *Schnabelhuts* hat das Bewusstsein für den Amazonas-Regenwald und die bedrohten Lebensräume indigener Völker geschärft. Die Pflanze hat eine symbolische Bedeutung als Vertreterin der einzigartigen und gefährdeten Flora des Amazonas. Sie erinnert daran, wie wertvoll und wichtig die biologische Vielfalt der Erde ist und wie notwendig es ist, diese Vielfalt für zukünftige Generationen zu bewahren.
In vielen Naturschutzinitiativen, die sich auf den Amazonas und andere bedrohte Ökosysteme konzentrieren, wird der *Schnabelhut* als Beispiel für die Bedeutung des Schutzes von Natur und Kultur herangezogen. Die Pflanze wird zu einem Sinnbild dafür, dass Naturschutz und kultureller Erhalt Hand in Hand gehen und dass der Respekt vor dem Leben – in all seinen Formen – die Grundlage für eine nachhaltige Zukunft bildet.

Zusammenfassung von Kapitel 6

Kapitel 6 zeigt, wie der *Schnabelhut* über seine botanische und ethnobotanische Bedeutung hinaus zu einem Symbol für moderne Spiritualität, Achtsamkeit und Naturschutz geworden ist. Die Pflanze verkörpert die Rückkehr zur Natur und zur spirituellen Weisheit indigener Völker, die eine tiefe Verbindung zur Umwelt bewahren. Für viele Menschen steht der *Schnabelhut* als Inspirationsquelle für Achtsamkeit und Harmonie mit der Natur, und seine Symbolik hat den Wert und die Wichtigkeit des Naturschutzes betont. Der *Schnabelhut* fungiert als Botschafter einer Welt, in der Wissenschaft, Spiritualität und Naturschutz miteinander verbunden sind. Seine Geschichte und Bedeutung erinnern uns daran, dass die Erde unschätzbare Schätze birgt, die es zu bewahren gilt – nicht nur als wissenschaftliche Objekte, sondern als kulturelle und spirituelle Quellen, die uns lehren, mit dem Leben im Einklang zu stehen.

Kapitel 7: Die Geheimnisse des Schnabelhuts – Mythen und Legenden der Karara

Der *Schnabelhut* ist nicht nur eine Pflanze, sondern ein zentraler Bestandteil der Mythologie der Karara. Für den Stamm ist er ein mächtiges Symbol, das die Grenze zwischen der sichtbaren und der unsichtbaren Welt überbrückt. Viele Legenden ranken sich um den *Schnabelhut*, seine geheimnisvolle Entstehung und die besonderen Fähigkeiten, die ihm zugesprochen werden. Diese Mythen vermitteln das uralte Wissen und die Spiritualität der Karara und geben tiefe Einblicke in die Rolle, die der *Schnabelhut* in ihrem Glaubenssystem spielt.
In diesem Kapitel betrachten wir die Legenden und Überlieferungen der Karara, die sich um den *Schnabelhut* ranken. Diese Geschichten bieten nicht nur eine faszinierende Perspektive auf die Pflanze selbst, sondern offenbaren auch die spirituelle und kulturelle Tiefe der Gemeinschaft, die diese Pflanze seit Generationen verehrt.

7.1 Die Legende vom ersten Schamanen und dem Geschenk des Schnabelhuts

Einer der bekanntesten Mythen der Karara erzählt von der Begegnung des ersten Schamanen mit den Geistern des Waldes, die ihm den *Schnabelhut* als Geschenk und Zeichen des Schutzes überreichten. Diese Legende beschreibt, wie die Pflanze zu einem spirituellen Erbe der Karara wurde und warum der *Schnabelhut* bis heute als heilig angesehen wird.

7.1.1 Der Ruf des Waldes und die Begegnung mit den Geistern

Der Legende nach war der erste Schamane der Karara ein junger Mann, der den Ruf des Waldes vernahm und beschloss, ihm zu folgen. Er wanderte tief in den Dschungel, bis er auf eine Lichtung stieß, die in ein magisches Licht gehüllt war. Dort begegnete er den Geistern des Waldes, die ihn als den Auserwählten erkannten, der das Wissen und die Geheimnisse des Waldes bewahren würde.
Die Geister überreichten ihm den ersten *Schnabelhut* und wiesen ihn an, die Pflanze zu schützen und nur in besonderen Momenten zu verwenden. Sie lehrten ihn das Ritual des Klopfens, das den Staub der Blüte freisetzt und den Zugang zur „Stimme des Waldes" eröffnet. Seitdem wird der *Schnabelhut* als Geschenk der Geister und als Zeichen des Schutzes verehrt.

7.1.2 Die Prüfungen des ersten Schamanen

Die Legende erzählt weiter, dass der Schamane mehrere Prüfungen bestehen musste, um sich als würdig zu erweisen. Er musste beweisen, dass er die Pflanze mit Respekt und Hingabe behandeln würde und dass er das Gleichgewicht des Waldes bewahren konnte. Die Prüfungen waren harte Herausforderungen, die ihn an die Grenzen seiner körperlichen und geistigen Stärke brachten, doch er bestand jede Prüfung und wurde schließlich von den Geistern als „Hüter des Wissens" akzeptiert.

Als er zu seinem Stamm zurückkehrte, brachte er den *Schnabelhut* mit und teilte sein Wissen mit ausgewählten Mitgliedern der Gemeinschaft. Der *Schnabelhut* wurde zu einem Zeichen der Stärke und Weisheit und wurde nur unter strengen Regeln und von besonderen Stammesmitgliedern verwendet, die die spirituelle Verantwortung tragen konnten.

7.2 Die Legende von den verlorenen Seelen des Waldes

Eine weitere Legende beschreibt die Verbindung des *Schnabelhuts* zu den verlorenen Seelen des Waldes. Die Karara glauben, dass der *Schnabelhut* eine Brücke zu den Geistern der Ahnen ist und dass die Pflanze die Seelen derjenigen aufnimmt, die im Wald umherirren und keinen Frieden finden.

7.2.1 Die Seelen, die im Schnabelhut Ruhe finden

Den Karara zufolge gibt es Seelen, die im Dschungel gefangen sind und nicht den Weg ins Jenseits finden. Diese verlorenen Seelen, so heißt es, suchen Schutz im *Schnabelhut*, der ihnen einen Ort des Friedens und der Ruhe bietet. Die Pflanze wird daher als heilige Stätte für die Ahnen angesehen und in bestimmten Ritualen angerufen, um den verstorbenen Seelen Frieden zu schenken.
In einem Ritual, das „Der Ruf der Ahnen" genannt wird, inhalieren die Stammesmitglieder den Staub des *Schnabelhuts*, um sich mit den verlorenen

Seelen zu verbinden und ihnen Ruhe zu geben.
Der *Schnabelhut* wird so zu einer Brücke zwischen
den Welten und hilft den Karara, den Geist ihrer
Ahnen zu ehren und die Verbindung zu ihren
Vorfahren aufrechtzuerhalten.

7.2.2 Das Ritual der Versöhnung mit den Geistern

Die Karara führen regelmäßig ein Ritual der
Versöhnung durch, um die Geister der
Verstorbenen zu besänftigen und sicherzustellen,
dass der Wald im Gleichgewicht bleibt. Dabei
wird der *Schnabelhut* als „Friedensbringer"
genutzt, der den Seelen des Waldes einen Platz
bietet. Die Schamanen bitten die Geister, den
Stamm zu schützen und ihm Weisheit und Kraft zu
verleihen.
Die Karara glauben, dass dieses Ritual nicht nur
den Seelen der Verstorbenen Frieden bringt,
sondern auch die Lebenden vor Unheil bewahrt.
Der *Schnabelhut* wird so zu einem Symbol des
Friedens und der Harmonie und bewahrt den
Stamm vor den Zornesausbrüchen der Geister.

7.3 Die Legende vom Wächter des Schnabelhuts

Eine der furchterregendsten und zugleich
faszinierendsten Legenden der Karara ist die
Geschichte vom Wächter des *Schnabelhuts* –
einer Gestalt, die angeblich den heiligen Ort der
Pflanze beschützt und Eindringlinge bestraft, die
sich respektlos verhalten oder die Pflanze für
egoistische Zwecke nutzen wollen.

7.3.1 Die Gestalt des Wächters

Der Legende nach ist der Wächter des *Schnabelhuts* ein Geist, der aus der Pflanze selbst hervorgegangen ist, um sie zu schützen. Er wird als Schattenwesen beschrieben, das sich lautlos durch den Wald bewegt und jeden beobachtet, der sich dem *Schnabelhut* nähert. Die Karara erzählen, dass der Wächter weder Mann noch Frau ist, sondern eine Verkörperung der Naturkraft des Waldes.
Der Wächter soll die Fähigkeit haben, die Gedanken und Absichten der Menschen zu lesen und nur diejenigen zum *Schnabelhut* zu lassen, die reinen Herzens sind und die Pflanze mit Respekt behandeln. Diejenigen, die unehrenhafte Absichten haben, sollen von einer tiefen Angst überfallen werden und den Wald in Panik verlassen.

7.3.2 Die Strafe der Respektlosen

Die Legende warnt davor, den *Schnabelhut* für egoistische oder materielle Zwecke zu nutzen. Die Karara erzählen, dass diejenigen, die die Pflanze respektlos behandeln oder das Ritual ohne die nötige Ehrerbietung ausführen, vom Wächter des *Schnabelhuts* bestraft werden. Diese Strafe soll in der Form eines Fluches auftreten, der die betroffenen Personen dazu bringt, den Wald nie wieder zu verlassen.
Einige Karara glauben, dass die Wurzeln des *Schnabelhuts* die Seelen derjenigen aufgenommen haben, die den Respekt vor der

Pflanze verloren haben. Diese Seelen, so heißt es, irren für immer im Dschungel umher und finden nie mehr Frieden. Diese furchterregende Legende dient als Mahnung, den *Schnabelhut* stets mit tiefem Respekt und Dankbarkeit zu behandeln und das Gleichgewicht des Waldes zu achten.

Zusammenfassung von Kapitel 7

Kapitel 7 führt uns in die faszinierenden Legenden und Mythen der Karara rund um den *Schnabelhut*. Diese Geschichten zeigen, dass die Pflanze weit mehr als nur eine psychoaktive Wirkung besitzt – sie ist ein heiliges Erbe, das tief in den spirituellen Überzeugungen des Stammes verwurzelt ist. Die Legenden vom ersten Schamanen, den verlorenen Seelen des Waldes und dem geheimnisvollen Wächter des *Schnabelhuts* verdeutlichen die Rolle der Pflanze als Hüterin der Verbindung zwischen den Welten. Der *Schnabelhut* wird als Brücke zwischen der sichtbaren und der unsichtbaren Welt angesehen und erinnert die Karara an die Weisheit und Macht des Waldes. Diese Legenden sind nicht nur Erzählungen, sondern auch Lehrstücke, die den Stamm in Respekt, Demut und Verbundenheit mit der Natur lehren. Der *Schnabelhut* wird so zu einem Symbol für die Harmonie zwischen Mensch und Natur und für die Grenzen, die respektiert werden müssen, um das Gleichgewicht des Lebens zu bewahren.

Kapitel 8: Der Schnabelhut und die moderne Wissenschaft – Wege zur Zusammenarbeit und zur Bewahrung indigener Weisheit

Nach der intensiven Erforschung und dem Verständnis der spirituellen Dimension des *Schnabelhuts* stellt sich die Frage, wie das Wissen der Karara und die moderne Wissenschaft sinnvoll zusammenarbeiten können, ohne das kulturelle Erbe und die Heiligkeit der Pflanze zu gefährden. Die Beziehung zwischen indigenem Wissen und wissenschaftlicher Forschung ist oft komplex und stellt Forscher und Gemeinschaften vor ethische und praktische Herausforderungen. Doch der *Schnabelhut* bietet eine Gelegenheit, Brücken zu schlagen und ein neues Modell der Zusammenarbeit zu schaffen, das auf gegenseitigem Respekt und Schutz basiert.
In diesem Kapitel untersuchen wir, wie die westliche Wissenschaft und die Karara durch Zusammenarbeit zu einem tieferen Verständnis der Pflanze gelangen können und welche Mechanismen es gibt, um das kulturelle Wissen und die Rechte der Karara zu wahren.

8.1 Das Konzept des „Kulturellen Besitzes" und der Schutz indigener Pflanzen

Der *Schnabelhut* hat nicht nur wissenschaftliches, sondern auch kulturelles Gewicht. Für die Karara ist die Pflanze ein Teil ihres kulturellen Besitzes, und das Wissen um ihre Anwendung und Bedeutung gehört ihnen allein. Die westliche Wissenschaft steht vor der Herausforderung, diesen kulturellen

Besitz zu respektieren und zu bewahren, während
sie gleichzeitig die Eigenschaften und Potenziale
der Pflanze erforscht.

8.1.1 Das Modell des kulturellen Besitzes in der Wissenschaft

Ein neuer Ansatz, der in der Ethnobotanik immer
häufiger diskutiert wird, ist das Konzept des
kulturellen Besitzes. Dieser Ansatz sieht vor, dass
das Wissen und die Pflanzen, die in indigenen
Gemeinschaften verwendet werden, als
Eigentum dieser Gemeinschaften betrachtet
werden. Jegliche Nutzung – sei es für
wissenschaftliche oder kommerzielle Zwecke –
bedarf der Zustimmung und gegebenenfalls
auch einer Vergütung oder Unterstützung der
indigenen Gemeinschaften.
Im Fall des *Schnabelhuts* könnte dieser Ansatz
bedeuten, dass die Karara über die Nutzung der
Pflanze entscheiden und ihr Wissen nur unter
bestimmten Bedingungen teilen. Der kulturelle
Besitz erlaubt es der Gemeinschaft, ihre
Traditionen zu schützen und zu bewahren,
während die Wissenschaftler gleichzeitig ihre
Entdeckungen respektvoll und
verantwortungsbewusst weitergeben können.

8.1.2 Schutz des kulturellen Erbes durch rechtliche Rahmenbedingungen

Um den *Schnabelhut* und das Wissen der Karara
langfristig zu schützen, könnten auch rechtliche
Rahmenbedingungen erarbeitet werden, die

den kulturellen Besitz absichern. Dies könnte durch internationale Vereinbarungen geschehen, die indigene Gemeinschaften als rechtmäßige Hüter ihres traditionellen Wissens anerkennen und ihnen eine Mitsprache bei der Nutzung ihrer Ressourcen garantieren.
Ein solcher rechtlicher Schutz würde sicherstellen, dass die Karara nicht nur über den *Schnabelhut* entscheiden können, sondern auch wirtschaftlich und kulturell von ihrer Pflanze profitieren. Gleichzeitig würden diese Rahmenbedingungen sicherstellen, dass die Pflanze und das Wissen um sie vor Ausbeutung geschützt bleiben und nicht kommerzialisiert oder entheiligt werden.

8.2 Aufbau eines Modells für die Zusammenarbeit zwischen Wissenschaft und indigener Gemeinschaft

Der *Schnabelhut* bietet ein Vorbild für eine respektvolle Zusammenarbeit zwischen Wissenschaft und indigenen Gemeinschaften, die von gegenseitigem Respekt und dem Schutz des kulturellen Wissens geprägt ist. Eine solche Zusammenarbeit könnte als Modell für andere ethnobotanische Projekte dienen und helfen, den Umgang mit kulturell bedeutenden Pflanzen in der Forschung neu zu gestalten.

8.2.1 Gemeinsame Forschung und Wissenstransfer

Ein Weg, um indigene Gemeinschaften aktiv in die Forschung einzubinden, ist die gemeinsame Forschung und der Wissenstransfer. Anstatt nur

Proben zu entnehmen oder wissenschaftliche Daten zu sammeln, könnten die Forscher die Karara in den Forschungsprozess einbeziehen, ihre Meinungen respektieren und gemeinsam Wege zur Erforschung und Bewahrung des *Schnabelhuts* entwickeln. Durch den aktiven Einbezug der Karara in die wissenschaftlichen Prozesse bleibt das kulturelle Erbe der Pflanze gewahrt.

Die Karara könnten als gleichberechtigte Partner an der Erforschung des *Schnabelhuts* beteiligt sein und hätten die Möglichkeit, ihre traditionellen Methoden mit der modernen Wissenschaft zu kombinieren. Dieses Wissen könnte der Wissenschaft helfen, neue Erkenntnisse zu gewinnen, während die Karara die Möglichkeit haben, ihr Wissen an die nächste Generation weiterzugeben und das kulturelle Erbe des *Schnabelhuts* zu schützen.

8.2.2 Bewusstseinsbildung und Schulung von Wissenschaftlern

Eine erfolgreiche Zusammenarbeit erfordert auch, dass Wissenschaftler über die kulturellen und spirituellen Bedeutungen indigener Pflanzen informiert sind. Schulungen und Programme zur Bewusstseinsbildung könnten dabei helfen, das Verständnis für die Bedeutung des *Schnabelhuts* und ähnlicher Pflanzen zu fördern. Wissenschaftler, die sich auf Ethnobotanik spezialisieren, sollten lernen, kulturelles Wissen zu respektieren und die Besonderheiten indigener Traditionen zu verstehen.

Indem die Wissenschaftler über die Bedeutung des *Schnabelhuts* und seine Rolle in der Kultur der Karara aufgeklärt werden, können sie mit mehr Empathie und Rücksicht arbeiten und gleichzeitig neue Perspektiven und Ideen entwickeln, die die kulturellen Werte der Karara respektieren.

8.3 Der Schnabelhut als Symbol für kulturelle Nachhaltigkeit und Bewahrung des Wissens

Die Erforschung des *Schnabelhuts* hat eine neue Diskussion über kulturelle Nachhaltigkeit und die Bewahrung des Wissens angestoßen. Der *Schnabelhut* ist ein Symbol dafür geworden, dass das Wissen indigener Völker nicht nur für die Gemeinschaften selbst, sondern für die gesamte Menschheit von unschätzbarem Wert ist.

8.3.1 Kulturelle Nachhaltigkeit und die Bewahrung indigener Traditionen

Kulturelle Nachhaltigkeit bedeutet, dass die kulturellen Werte, Bräuche und das Wissen einer Gemeinschaft langfristig geschützt und bewahrt werden. Der *Schnabelhut* zeigt, wie wichtig es ist, dieses Wissen in seiner ursprünglichen Form zu erhalten und die Gemeinschaften zu unterstützen, die dieses Wissen bewahren.
Für die Karara ist die kulturelle Nachhaltigkeit von großer Bedeutung. Sie sehen im *Schnabelhut* nicht nur eine Pflanze, sondern ein Symbol ihrer Geschichte und Identität. Der Schutz dieser Pflanze und ihrer spirituellen Bedeutung bedeutet auch, dass die Karara ihre Traditionen und Rituale

bewahren können, ohne die Gefahr, dass ihr
Wissen kommerzialisiert oder trivialisiert wird.

8.3.2 Der Schnabelhut als Wegweiser für den Erhalt kultureller Vielfalt

Die kulturelle Vielfalt indigener Gemeinschaften
ist ein Schatz, der nicht nur die Biodiversität,
sondern auch die menschliche Geschichte und
Spiritualität bereichert. Der *Schnabelhut* ist zu
einem Symbol für den Wert dieser Vielfalt
geworden, da er zeigt, wie wichtig es ist, die
einzigartigen Traditionen und Bräuche jeder Kultur
zu schützen und zu bewahren.
Indem die moderne Wissenschaft den
Schnabelhut und seine Bedeutung respektiert,
trägt sie auch zur Erhaltung der kulturellen Vielfalt
bei. Die Pflanze erinnert uns daran, dass die
Menschheit von den unterschiedlichsten
Traditionen lernen und profitieren kann. Der
Schnabelhut wird so zum Wegweiser für einen
respektvollen und nachhaltigen Umgang mit
dem kulturellen Wissen und den Naturressourcen
indigener Gemeinschaften.

Zusammenfassung von Kapitel 8

Kapitel 8 hebt die Bedeutung des *Schnabelhuts*
als Modell für eine respektvolle Zusammenarbeit
zwischen der westlichen Wissenschaft und
indigenen Gemeinschaften hervor. Die Pflanze ist
nicht nur ein botanisches Objekt, sondern ein
kulturelles und spirituelles Erbe der Karara, das es
zu schützen und zu bewahren gilt. Durch

Konzepte wie den kulturellen Besitz und kulturelle
Nachhaltigkeit kann die Wissenschaft neue Wege
finden, um das Wissen der Karara zu respektieren
und gleichzeitig neue Erkenntnisse zu gewinnen.
Der *Schnabelhut* symbolisiert den Wert indigener
Traditionen und zeigt, dass die kulturelle Vielfalt
der Menschheit eine unersetzliche Ressource ist.
Die Zusammenarbeit zwischen Wissenschaft und
indigener Gemeinschaft wird dadurch zu einem
Weg, kulturelles Wissen und biologische Vielfalt zu
bewahren und die Bedeutung der Natur als
Quelle der Weisheit und Heilung zu fördern.

Kapitel 9: Der Schnabelhut in der Populärkultur und das globale Interesse an indigenem Wissen

Mit der Entdeckung und den Studien zum *Schnabelhut* hat die Pflanze auch Aufmerksamkeit in der Populärkultur gewonnen. Sie inspiriert Künstler, Autoren, Filmemacher und das allgemeine Publikum, die von der geheimnisvollen und spirituellen Wirkung der Pflanze fasziniert sind. Der *Schnabelhut* steht dabei als Symbol für eine Rückkehr zur Natur, das Streben nach spiritueller Tiefe und die Bewunderung für das Wissen indigener Völker. Dieses Kapitel beleuchtet die Verbreitung des *Schnabelhuts* in der Populärkultur und diskutiert die Auswirkungen, die das globale Interesse an der Pflanze und dem Wissen der Karara hat.

9.1 Der Schnabelhut in Literatur und Kunst

Seit der Entdeckung des *Schnabelhuts* haben zahlreiche Künstler und Schriftsteller die Pflanze als Symbol für Naturverbundenheit und spirituelle Erkenntnis aufgegriffen. Sie dient als Inspirationsquelle in verschiedenen Kunstformen und wird oft als Metapher für die Suche nach innerer Wahrheit und Harmonie verwendet.

9.1.1 Der Schnabelhut als literarisches Motiv

Die mysteriöse Natur des *Schnabelhuts* hat ihn zu einem beliebten Thema in der Literatur gemacht. Romane und Geschichten, die in der Wildnis des Amazonas spielen, verwenden den *Schnabelhut* als Symbol für die rätselhafte und zugleich heilsame Kraft der Natur. Autoren erzählen von Abenteurern und Suchenden, die sich auf die Reise in den Dschungel begeben, um die Geheimnisse des *Schnabelhuts* zu entschlüsseln und eine neue Perspektive auf das Leben zu gewinnen.

Der *Schnabelhut* ist dabei nicht nur eine psychoaktive Pflanze, sondern ein Wegweiser zu einer tieferen Einsicht, einem Sinnbild für Transformation und Bewusstseinserweiterung. In diesen Erzählungen wird oft das Thema der inneren Reise und der Suche nach Harmonie behandelt, inspiriert von der tiefen spirituellen Bedeutung, die die Karara der Pflanze zuschreiben.

9.1.2 Der Schnabelhut in der bildenden Kunst

Auch in der bildenden Kunst hat der *Schnabelhut* Einzug gehalten. Maler, Bildhauer und Installationskünstler setzen sich mit der Pflanzenwelt des Amazonas auseinander und stellen den *Schnabelhut* als mystisches Element dar. Er symbolisiert die tiefe Verbindung zwischen Mensch und Natur und erinnert den Betrachter an die Fragilität und Schönheit der Natur.

Einige Kunstwerke zeigen den *Schnabelhut* umgeben von den Geistern des Waldes, wie es in den Legenden der Karara beschrieben wird, und verknüpfen so die ästhetische Darstellung mit spirituellen Themen. Diese Kunstwerke fungieren als Mahnung an die Verantwortung, die Natur zu bewahren und zu schützen, und sie wecken beim

Betrachter Bewusstsein für die kulturellen Werte
und das Wissen indigener Völker.

9.2 Der Schnabelhut in Film und Dokumentation

Filmemacher und Dokumentaristen haben die
Geschichte des *Schnabelhuts* aufgegriffen, um
das Leben der Karara und ihre spirituellen
Praktiken einem breiten Publikum
näherzubringen. Der *Schnabelhut* wird oft als
zentrales Element genutzt, um die kulturelle
Bedeutung der Pflanze und die
Herausforderungen des Naturschutzes im
Amazonas darzustellen.

9.2.1 Dokumentationen über den Schnabelhut und die Karara

Dokumentarfilme, die den *Schnabelhut*
thematisieren, zeigen oft die kulturellen und
ökologischen Aspekte der Pflanze und ihre Rolle
im Leben der Karara. Diese Dokumentationen
machen auf die Bedrohung des Amazonas und
die Bedeutung des Naturschutzes aufmerksam
und betonen, wie wichtig es ist, indigene Völker
bei der Erhaltung ihrer Lebensräume zu
unterstützen.
Durch Interviews mit den Karara und den
Forschern, die den *Schnabelhut* untersucht
haben, erhalten die Zuschauer einen tiefen
Einblick in die spirituelle und kulturelle Dimension
der Pflanze. Dokumentationen über den
Schnabelhut tragen so zur Bewusstseinsbildung

bei und sensibilisieren das Publikum für die kulturellen Werte und das indigene Wissen.

9.2.2 Fiktionale Darstellungen und Verfilmungen

Auch fiktionale Filme greifen das Thema des *Schnabelhuts* auf. In Abenteuer- und Mystery-Filmen wird die Pflanze oft als ein mystisches Artefakt dargestellt, das den Protagonisten auf eine Reise der Selbsterkenntnis führt. Die fiktionale Darstellung betont meist die geheimnisvolle und transformative Kraft der Pflanze und stellt den *Schnabelhut* als Symbol für die Unzugänglichkeit und Macht der Natur dar.
In solchen Filmen wird der *Schnabelhut* als eine Art „Schlüssel zur Natur" dargestellt, der dem Helden hilft, Antworten auf tiefergehende Fragen zu finden und eine persönliche Transformation zu erleben. Diese Darstellungen fördern das Interesse an der Kultur der Karara und an den spirituellen Lehren, die sich aus ihrer engen Verbindung zur Natur ergeben.

9.3 Das globale Interesse an indigener Weisheit und seine Auswirkungen

Mit der wachsenden Popularität des *Schnabelhuts* in der Populärkultur und der verstärkten Medienpräsenz hat sich auch das Interesse an indigener Weisheit und Tradition weltweit verstärkt. Der *Schnabelhut* ist zu einem Sinnbild für das spirituelle Wissen der Karara und die Weisheit der indigenen Völker geworden, was sowohl positive als auch problematische Entwicklungen nach sich zieht.

9.3.1 Die Anerkennung indigener Weisheit in der westlichen Welt

Das Interesse an indigenem Wissen und traditionellen Heilmethoden wächst stetig, da immer mehr Menschen nach alternativen Wegen zu Heilung und Selbstfindung suchen. Der *Schnabelhut* steht als Symbol für diese Rückkehr zu natürlichen und spirituellen Praktiken, die im Einklang mit der Natur stehen.
Durch die Verbreitung des Wissens über den *Schnabelhut* wird auch die Bedeutung indigener Weisheit stärker gewürdigt. In der westlichen Welt beginnt man zu verstehen, dass das Wissen der Karara und anderer indigener Gemeinschaften eine wertvolle Ergänzung zur modernen Wissenschaft darstellt und dass das Verständnis für diese Weisheit ein nachhaltigeres und achtsameres Leben fördert.

9.3.2 Die Gefahr der kulturellen Aneignung und Kommerzialisierung

Mit dem globalen Interesse an indigenem Wissen und dem *Schnabelhut* wächst jedoch auch die Gefahr der kulturellen Aneignung und Kommerzialisierung. In der westlichen Welt gibt es Bestrebungen, die spirituellen Praktiken der Karara zu übernehmen oder zu kommerzialisieren, ohne das kulturelle Erbe und die Rechte der indigenen Völker zu respektieren.

Die Karara und andere indigene Gruppen sehen in der Popularität des *Schnabelhuts* eine Herausforderung, ihre Traditionen und ihre spirituelle Bedeutung zu schützen. Die Gemeinschaften setzen sich dafür ein, dass der *Schnabelhut* und das Wissen um ihn nicht zu einem rein kommerziellen Produkt werden, sondern dass die Pflanze und ihre kulturelle Bedeutung gewahrt bleiben. Durch internationale Vereinbarungen und Sensibilisierungskampagnen versuchen sie sicherzustellen, dass die Welt das Wissen der indigenen Völker respektiert und schützt.

Zusammenfassung von Kapitel 9

Kapitel 9 beleuchtet die Bedeutung des *Schnabelhuts* in der Populärkultur und das wachsende globale Interesse an indigenem Wissen. Die Pflanze hat Künstler, Schriftsteller und Filmemacher inspiriert und ist zu einem Symbol für die Weisheit und die Spiritualität der Karara und indigener Gemeinschaften geworden. Durch die Darstellung des *Schnabelhuts* in der Literatur, Kunst und im Film wird das Wissen der Karara einem breiten Publikum zugänglich gemacht und regt zu einem bewussteren und respektvolleren Umgang mit der Natur an.
Gleichzeitig bringt das globale Interesse jedoch Herausforderungen mit sich. Die Gefahr der kulturellen Aneignung und Kommerzialisierung erfordert Maßnahmen zum Schutz des Wissens und der Rechte der indigenen Völker. Der *Schnabelhut* erinnert daran, dass die kulturelle

Weisheit und das spirituelle Erbe der indigenen
Gemeinschaften wertvolle Schätze sind, die
geschützt und gewürdigt werden müssen, um
eine nachhaltige und respektvolle Zukunft für die
Menschheit zu gewährleisten.

Kapitel 10: Der Schnabelhut als Symbol einer neuen Ära – Wissenschaft, Spiritualität und Respekt vor der Natur

Die Reise des *Schnabelhuts* von einem gut gehüteten Geheimnis der Karara bis hin zur wissenschaftlichen und kulturellen Ikone zeigt die immense Kraft, die im Wissen indigener Gemeinschaften liegt, und die Wichtigkeit, dieses Wissen zu schützen und zu respektieren. Der *Schnabelhut* steht nicht nur für die faszinierenden botanischen und spirituellen Entdeckungen, sondern symbolisiert auch eine Brücke in eine Welt, in der Wissenschaft und Spiritualität harmonisch koexistieren und sich gegenseitig bereichern können.
In diesem abschließenden Kapitel betrachten wir die Lektionen des *Schnabelhuts*, reflektieren über die Verantwortung der Menschheit und geben einen Ausblick auf die Wege, wie die Welt von diesem Wissen profitieren kann, ohne das Erbe der indigenen Völker zu gefährden.

10.1 Der Schnabelhut als Lehrer der Achtsamkeit und Demut

Die Entdeckung und Erforschung des *Schnabelhuts* hat Wissenschaftler und spirituell Interessierte auf der ganzen Welt inspiriert, sich mit Achtsamkeit und Demut der Natur zu nähern. Der *Schnabelhut* zeigt, dass wahre Erkenntnis nur möglich ist, wenn wir die Weisheit der Natur und der Gemeinschaften, die seit Jahrtausenden im Einklang mit ihr leben, respektieren.

Die Pflanze erinnert uns daran, dass die Natur
weitaus komplexer und tiefgründiger ist, als wir oft
wahrnehmen. Sie lehrt uns, dass Respekt und
Rücksicht die Grundlage jeder wissenschaftlichen
und spirituellen Annäherung sein sollten, und dass
das Wissen der Karara – ebenso wie das Wissen
anderer indigener Völker – ein unersetzlicher
Bestandteil des menschlichen Erbes ist.

10.2 Wissenschaft und Spiritualität – Ein harmonisches Zusammenspiel

Der *Schnabelhut* ist ein Beispiel dafür, wie
Wissenschaft und Spiritualität zusammenarbeiten
können, um ein tieferes Verständnis für die Welt
zu entwickeln. Indem Wissenschaftler das Wissen
der Karara respektieren und in ihre Forschung
einfließen lassen, eröffnet sich ein neues Kapitel in
der Wissenschaft, das auf Empathie und
interkulturellem Verständnis basiert.
Diese Zusammenarbeit stellt ein Modell für die
Zukunft dar: Eine Wissenschaft, die nicht nur nach
Erkenntnissen strebt, sondern auch die kulturelle
Bedeutung und die spirituellen Werte der
Gemeinschaften achtet, aus denen das Wissen
stammt. Der *Schnabelhut* wird so zu einem
Symbol für die Harmonie zwischen menschlichem
Forscherdrang und der spirituellen Weisheit der
Natur.

10.3 Der Aufruf zum Schutz des kulturellen und ökologischen Erbes

Die Karara erinnern uns daran, dass es unsere Verantwortung ist, nicht nur die biologische Vielfalt des Planeten zu schützen, sondern auch das kulturelle Wissen, das seit Jahrhunderten weitergegeben wird. Der *Schnabelhut* steht als Mahnung dafür, dass das kulturelle und ökologische Erbe der Erde bewahrt werden muss und dass der Respekt vor indigenen Gemeinschaften und ihren Lebensräumen eine Grundvoraussetzung für eine nachhaltige Zukunft ist.
Initiativen, die indigene Rechte stärken, der Schutz des Amazonas-Regenwaldes und ein verantwortungsvoller Umgang mit den natürlichen Ressourcen sind entscheidende Schritte, um sicherzustellen, dass Pflanzen wie der *Schnabelhut* und das Wissen um sie nicht verloren gehen. Der *Schnabelhut* ruft uns dazu auf, uns für den Schutz unseres Planeten und der Kulturen einzusetzen, die ein tiefes Verständnis für ihn besitzen.

Zusammenfassung von Kapitel 10

Kapitel 10 hebt die tiefgreifenden Lektionen hervor, die der *Schnabelhut* für die Menschheit bereithält. Die Pflanze steht als Symbol für eine neue Ära, in der Wissenschaft, Spiritualität und kultureller Respekt Hand in Hand gehen. Der *Schnabelhut* lehrt uns Achtsamkeit, Demut und die Wertschätzung indigener Weisheit und erinnert uns daran, dass der Weg zu einem tieferen Verständnis der Natur nur durch gegenseitigen Respekt und Verantwortung geebnet werden kann.

Der *Schnabelhut* bleibt ein faszinierendes Mysterium und zugleich ein Mahnmal, das die Menschheit an ihre Rolle als Hüter der Natur und des kulturellen Erbes erinnert. Durch die Verbindung von Wissenschaft und Spiritualität können wir eine Welt schaffen, die die Weisheit und Schönheit der Natur und ihrer kulturellen Bedeutung bewahrt – für heutige und zukünftige Generationen.